中南财经政法大学
经济学院博导论丛

社会主义生态文明建设与绿色经济发展论

SHEHUIZHUYI SHENGTAI WENMING JIANSHE YU LÜSE JINGJI FAZHAN LUN

高红贵 著

中国财经出版传媒集团

图书在版编目（CIP）数据

社会主义生态文明建设与绿色经济发展论/高红贵著．
—北京：经济科学出版社，2020.1
（中南财经政法大学经济学院博导论丛）
ISBN 978-7-5218-1191-9

Ⅰ.①社⋯　Ⅱ.①高⋯　Ⅲ.①生态环境建设－关系－
绿色经济－经济发展－研究－中国　Ⅳ.①X321.2②F124.5

中国版本图书馆 CIP 数据核字（2020）第 008254 号

责任编辑：周秀霞
责任校对：隗立娜
责任印制：李　鹏

社会主义生态文明建设与绿色经济发展论
高红贵　著

经济科学出版社出版、发行　新华书店经销
社址：北京市海淀区阜成路甲 28 号　邮编：100142
总编部电话：010-88191217　发行部电话：010-88191522
网址：www.esp.com.cn
电子邮件：esp@esp.com.cn
天猫网店：经济科学出版社旗舰店
网址：http://jjkxcbs.tmall.com
北京季蜂印刷有限公司印装
710×1000　16 开　13.25 印张　260000 字
2020 年 1 月第 1 版　2020 年 1 月第 1 次印刷
ISBN 978-7-5218-1191-9　定价：49.00 元
（图书出现印装问题，本社负责调换。电话：010-88191510）
（版权所有　侵权必究　打击盗版　举报热线：010-88191661
QQ：2242791300　营销中心电话：010-88191537
电子邮箱：dbts@esp.com.cn）

前 言

改革开放以来,中国共产党在总结中国特色社会主义建设重大经验教训的基础上,提出了要大力建设社会主义生态文明思想。党的十九大报告把"坚持新发展理念""坚持人与自然和谐共生"作为新时代坚持和发展中国特色社会主义的基本方略,并明确指出"建设生态文明是中华民族永续发展的千年大计",由此可见,建设社会主义生态文明是中国特色社会主义建设的应有之义。

习近平同志创造性地提出了"绿水青山就是金山银山""良好生态环境是最普惠的民生福祉""保护生态环境就是保护生产力""以系统思维抓生态建设""实行最严格的生态环境保护制度"等一系列建设社会主义生态文明的新理念新思想新战略。这些新理念新思想新战略是习近平新时代中国特色社会主义思想的重要组成部分,它为建设生态文明、建设美丽中国提供了思想引领和根本遵循。生态文明建设和绿色经济发展思想是习近平新时代中国特色社会主义思想非常重要的内容。在党的十九大报告以及很多场合的讲话中,习近平同志都十分强调"生态文明建设""生态经济""绿色发展"。

以习近平新时代中国特色社会主义经济思想为指引,从系统、整体上全方位地深入研究自然生态和经济社会的融合发展,既要创造更多物质财富和精神财富以满足人民日益增长的美好社会需要,也要提供更多更优生态产品以满足人民日益增长的优美生态环境需要。因此,大力推进生态文明建设,发展绿色经济,是当前我国面临的重大理论与现实问题,也是广大人民群众的强烈愿望和期盼,更是全社会各界人士义不容辞的责任。

本书是笔者多年来从事社会主义生态文明建设研究的基础上形成的研究成果。这一成果表明笔者研究主题由过去重点聚焦于生态经济发展的研究转向重点聚焦于"生态文明、绿色经济发展、绿色发展的马克思主义研究"。本书正是围绕这一主题,收录了笔者过去研究中的系列具有重要价值的学术论文。这些成果,或是笔者独撰,或是与他人合作;或已在学术期刊公开发表,或在学术会议上提交。本书的基本内容结构可以概括如下:

上篇为社会主义生态文明建设研究，该篇系统研究了生态文明建设的科学内涵、生态文明建设的途径及其相互关系、生态文明建设的制度基石以及生态文明建设的目标等重大问题。

中篇为发展绿色经济与绿色经济发展研究，该篇探究不同发展观视域下的绿色经济发展思想、生态与经济融合发展的客观规律以及绿色经济发展中的诸方博弈，提出了影响绿色经济发展的制度因素，并测度了长江经济带产业绿色发展水平及区域差异。

下篇为生态文明绿色经济发展道路研究，该篇所研究的"道路"问题，包括绿色经济发展模式、体制、机制，低碳经济和循环经济是绿色经济发展模式的具体形态。在系统研究基础上提出了如何构建中国绿色经济发展模式、尝试创建多元性的绿色经济发展模式及实现形式，探究了低碳经济结构调整运行中的财税驱动效应和产业结构低碳化调整的思路，剖析国外发展循环经济的经验以及对中国发展循环经济的启示作用。

本书收录的全部文稿基本保持当时撰写或发表的原貌，有些提法改成了现在出版时的提法。在全书统稿审读过程中，发现有文字错、别、漏问题，在不变动内容的情况下对文字进行校正和改动，敬请读者谅解。

本书得以出版，要感谢的人很多。感谢中南财经政法大学经济学院的出版资助！感谢发文的杂志和不知名的编辑们对我论文的关爱和编辑！感谢我的学生们特别是肖甜和赵路两位博士的认真校对工作！

高红贵

2019 年 8 月于水蓝郡

目 录

上篇 社会主义生态文明建设研究

生态文明建设的科学内涵与基本路径 / 3
为社会主义生态文明建设创造制度基石 / 11
论建设生态文明的生态经济制度建设 / 16
关于生态文明建设的几点思考 / 22
为美丽中国创设制度基石 / 33
让生态文明之花绽放荆楚大地
　　——贯彻落实《关于加快推进生态文明建设的意见》的思考 / 36
我国省域生态文明建设与经济建设融合发展水平评价研究 / 41
略论生态文明的绿色城镇化 / 58

中篇 发展绿色经济与绿色经济发展研究

新时代生态经济学的一个重大理论问题
　　——生态经济融合发展论 / 67
中国绿色经济发展中的诸方博弈研究 / 78
关于绿色经济发展中非正式制度创新的几个问题 / 89
两种发展观视域下的绿色经济 / 95
社会责任：现代企业绿色经济发展的新思考 / 104
绿色科技创新与绿色经济发展 / 110
探索乡村生态振兴绿色发展路径 / 118

长江经济带产业绿色发展水平测度及空间差异分析 / 126

下篇 生态文明绿色经济发展道路研究

创建多元性的绿色经济发展模式及实现形式 / 143
中国绿色经济发展模式构建研究 / 154
基于生态经济的绿色发展道路 / 160
供给侧改革下绿色经济发展道路研究 / 169
低碳经济结构调整运行中的财税驱动效应研究 / 177
振兴老工业基地，发展循环经济 / 187
论科学发展观与循环经济 / 193
国外发展循环经济的经验及其启示 / 200

◆上 篇◆

社会主义生态文明建设研究

生态文明建设的科学内涵与基本路径

一、生态文明建设的科学内涵

（一）生态文明建设是中国语境中产生出的话语

刘思华教授在1994年出版的《当代中国的绿色道路》一书中对生态文明建设表达了自己的思想，他指出："生态文明建设是根据我国社会主义条件下劳动者同自然环境进行物质交换的生态关系和人与人之间的矛盾运动，在开发利用自然的同时，保护自然，提高生态环境质量，使人与自然保护和谐统一的关系，有效解决社会活动的需求与自然生态环境系统的供给之间的矛盾，以保证满足人民的生态需要。"后来，他把"以保证满足人民的生态需要"，修改为"以既保证满足当代人福利增长的生态需要，又能够提供保障后代人发展能力的必需的资源与环境基础"，这与社会主义生产目的是相符合的，是社会主义的生态文明建设。后来，他在《生态时代论》中，从人类文明形态的变革、创新、转型的高度，把建设生态文明作为一个核心问题加以阐述，他指出："创建生态文明，重建人与自然和谐统一，实现生态与经济协调发展，这是现代经济社会发展的中心议题。"由此可以看出，生态文明建设和社会主义生态文明建设是同义语。从现有的研究生态文明和生态文明建设的文献资料来看，我国绝大多数学者讲生态文明建设的定义，都是讲生态文明的定义，即把生态文明、生态文明建设、建设生态文明这三者看成是同义词。

生态文明是人类为建设美好生态环境而取得的物质成果、精神成果和制度成果的总和，是一个社会对待自然环境的基本态度、理念、认识以及实践的总和。生态文明建设就是端正人们对待自然环境的基本态度、理念、认识，并付诸开发与利用自然的实践的过程。建设生态文明，并不是放弃对物质生活的追求，回到原生态的生活方式，而是超越和扬弃粗放型的发展方式和不合理的消费模式，提升全社会的文明理念和素质，使人类活动限制在自然资源可承受的范围内，走生产发展、生活富裕、生态良好的文明发展之路。如果把生态文明视为一种目标、理想或发展愿景，那么实现它则需要经历长期的建设过程。因此，可以说生态文明建设是迈向或实现生态文明的操作途径和实践过程。建设生态文明是理念、行动、过程和效果的有机统一体。因此，从学理上说，我们认为这三者不是同一个概念，是有区别的，不应相互混淆。

建设生态文明和生态文明建设，是中国为了彻底解决生态问题、缓解资源短缺、消除环境污染而提出的，是中国特色社会主义文明发展的题中之义。中国共产党对生态文明建设进行了不懈的探索与创新，根据中国的资源和环境国情寻找到了一条适合中国的发展道路，提出了具有协调性、整体性和创新性的发展观点和发展模式，从"协调发展"到"可持续发展"再到"科学发展观"，从"全面建设小康社会"到"建设社会主义和谐社会"再到"建设资源节约型、环境友好型社会""生态文明建设"。党的十八大明确提出："建设生态文明，是关系人民福祉、关乎民族未来的长远大计。面对资源约束趋紧、环境污染严重、生态系统退化的严峻形势，必须树立尊重自然、顺应自然、保护自然的生态文明理念。"党的十八届三中、四中全会分别对生态文明建设的落实进行了部署，提出了"生态文明建设是中国特色社会主义事业的重要内容，关系人民福祉，关乎民族未来，事关'两个一百年'奋斗目标和中华民族伟大复兴中国梦的实现"。建设生态文明覆盖了经济、政治、文化和社会多个层面，跨越微观、中观和宏观多个层次，涉及政府、企业、社会公众多个主体，涵盖生产、分配、流通、消费多种环节，包含人口、资源、环境等多种要素。

（二）正确把握建设生态文明与生态文明建设的内在一致性与差异性

党的十八大报告明确指出，"要把生态文明建设放在突出地位，融入经济建设、政治建设、文化建设、社会建设各方面和全过程。"根据曹旭（2011）的问卷调查结果得知，95.50%的公民知道生态文明建设这一概念，其中熟悉含义和具体内容的公民占总人数的17.98%，知道含义和具体内容的公民占总人数的36.27%。由此可以认为，生态文明这一观念的宣传还是深入人心的。

在我国全面建成小康社会的高速发展阶段，把生态文明建设放在国家发展战略的突出位置，使之成为与我国经济发展相协调的建设目标，是五位一体社会主义建设目标的重要组成部分，这既是我国生态面临重大挑战的体现，也是我国追求更高质量发展的生动体现。生态文明建设是中国发展的题中之义。生态文明建设是一场全方位系统性的绿色变革。

我们所要建设的生态文明，是一种与以往人类文明和经济社会形态不同的新型文明形态和经济社会形态，从理论形态上讲可以把这种文明创新实践概括为创建生态文明或建设生态文明。因此，在理论逻辑上，"建设生态文明是广义生态文明论的范畴"。生态文明建设是贯穿所有社会形态和文明形态始终的一种持久的过程。在社会文明的实践中具体呈现为一种全新的文明发展模式与经济社会发展模式。故我们从实践形态上把这种文明实践创新概括为生态文明建设。因此，在理论逻辑上，"生态文明建设是狭义生态文明论的范畴"。可见，建设生态文明与生态文明建设不能当作一个同义语，更不能相互替代。

二、中国生态文明建设的根本途径

中共中央、国务院先后印发的《关于加快推进生态文明建设的意见》（2015年5月）和《生态文明体制改革总体方案》（2015年9月），是基于我国国情作出的战略部署，也是当前和今后推动我国生态文明建设的纲领性文件，首次提出"绿色化"，要大力推动生产方式和生活方式绿色，大力促进绿色发展、循环发展和低碳发展，这是中国生态文明建设的根本途径。

（一）坚持绿色发展

绿色发展是一种新的发展模式，是在传统发展模式基础上的一种模式创新，其目的旨在追求人与自然、人与社会、人与人、人与自身的和谐发展，以绿色科技创新为驱动力，实现经济社会各领域和全过程的"绿色化"和"生态化"。

1. 树立尊重自然、顺应自然、保护自然的能源发展理念。黑色的工业文明过程是向自然"掠夺式"地攫取自然资源的过程，对化石能源的大规模、高强度的开发、利用，造成了今天化石能源的枯竭、区域污染严重、全球气候变化等问题。能源要实现绿色、低碳发展，必须树立"绿水青山就是金山银山"的理念，必须摒弃高投入、高消耗、高污染的产业，大力发展低投入、低消耗、低排放、低污染、高效益的产业。尊重自然、顺应自然不是被动的服从，而是要认识、尊重其成长规律。发展生态文明的绿色经济，一方面，在能源生产方面，要大力发展绿色、低碳能源，促使能源供应结构向低碳化方向前进；另一方面，在能源消费方面，要更加重视能源资源的节约，把利用化石能源资源控制在资源环境可承受的范围之内。

2. 加大绿色、低碳能源的技术投入，加强能源技术创新。新一轮科技革命要求能源的生产和消费方式发生重大变化。在这一变革时期，谁能引领能源技术向绿色、循环、低碳的变革，谁就将成为最大的受益者。世界金融危机之后，可再生能源成为世界各国投资和创造新就业机会的热点。日本、欧盟都加大对能源领域的技术投资。中国必须成为新一轮工业革命的创新者、领导者和推动者。为此，中国必须也应该加强以下方面的工作：第一，加大能源技术的研发资金投入。如对勘探与开采技术领域、加工与转化技术领域、发电与配电技术领域、新能源技术领域等重点领域的资金投入。以期突破一批具有国际先进水平的能源技术，抢占未来能源绿色、低碳能源技术制高点。第二，中国必须也应该设立重大示范工程。加大对新能源汽车、工业和建筑节能与清洁生产的关键技术及设备的资金投入，加强对新能源产业化技术的示范推广。第三，强化能源科技体制创新，完善能源技术创新体系。加强基础性研究能力和技术创新能力的培养；加快能源科技人才培养和引进，建立长效的科技投入机制，提高能源科技创新能力。

3. 充分利用市场机制，吸引社会资本投入绿色发展。创新和加强政府环保投资，吸引社会资本进入生态环境保护领域。政府的主要职能是为社会经济活动提供优质的高效的服务，政府为了国民经济的协调发展，或者特殊需要，只在特殊领域进行投资，政府发挥的是公共服务职能。首先，发挥绿色财政资金的"种子"作用。利用财政中的税收、补贴、罚款、污染收费、排污权交易等财政政策，为投资者的绿色投资营造一个有力的环境。搭建环保投融资平台，吸引银行等社会资金进入生态环境保护领域，研究建立生态环境保护基金。其次，调整信贷资金投入结构，增加资金投放额度，引导资金投入森林、草原、河流、滩涂、湖泊的保护。创新信贷担保手段和担保方法，建立担保基金和担保机构，努力解决民营企业资金不足和民营中小企业、合作组织小额贷款抵押担保难的问题，提高民营企业、合作组织在生态环境保护与开发事业中的融资和承担风险的能力。

（二）坚持循环发展

循环发展是一种以资源的高效利用和循环利用为核心，以"减量化、再利用、再循环"的 3R 为原则，以低消耗、低排放、高效率为基本特征的新型经济社会发展模式。循环发展强调的是以循环发展模式替代传统的线性增长模式，通过发展先进的循环技术，提高资源利用效率。具体来说，就是要构建循环型农业体系和循环型工业体系。

1. 构建循环型农业体系。一是发展循环型农业。就是要大力推动农业生产资源利用节约化、生产过程清洁化、废物处理资源化和无害化、产业链条循环化，使农业经济活动对自然环境的影响降到最低程度。大力发展生态农业，扩大无公害农产品、绿色食品和有机食品生产基地规模。也就是要大幅度提高绿色、有机、生态农业的比重。二是发展节约集约型农业。推广节水农业技术，治理水土流失。发展农作物间作套种技术模式，提高复种指数，大力推进中低产田地改造、土地整治和高标准基本农田建设，节约集约用地，转变经济发展方式。"立体种养的节地、节水、节能模式"就是节约集约型农业发展模式，该模式的特点就是"集约""高效""持续""环保"。三是推行农业清洁生产。加强农产品产地污染源头预防，控制城市和工业"三废"污染，加强对重金属污染的监管，加强农业投入品（如化肥、农药、农膜和饲料添加剂等）的监管。加强农业废弃物综合利用，推动秸秆、废旧农膜、畜禽粪污、林业"三剩物"等废弃物的高值化利用，因地制宜发展农村沼气工程。加快推进农业生产过程清洁化，推广节肥节药技术，推广绿色植保技术，发展畜禽清洁养殖，推进水产健康养殖。加快建立农业清洁生产的技术体系。四是延伸农业产业链。所谓农业产业链，就是按照现代化大生产的要求，在纵向上实行产加销一体化，使农产品生产、加工、储运、销售等环节链接成一个有机统一整体。要想延伸农业产业链，必须大力推广农业循环经济模式（如养殖食物链型模式、立体水面混养模式），形成农林牧渔多业共生、三次产业联动发展、农工社产业复合发展的循环经济产业体系。

2. 构建循环型工业体系。一是大力发展循环型生产方式。大力推动战略性新兴产业和节能环保、可再生能源、再制造、资源回收利用等绿色新兴产业的发展，坚持绿色生产，丰富绿色产品，打造绿色工业品牌。构建绿色工业体系，就是要在工业领域全面推行"源头减量、过程控制、纵向延伸、横向耦合、末端再生"的绿色生产方式，从原料—生产过程—产品加废弃物的线性生产方式转变为原料—生产过程—产品加原料的循环生产方式。二是推行清洁生产。加快对传统工业实施生态化改造，逐步淘汰不符合低碳发展理念、高耗能、高污染、低效益的产业、技术和产能。在生产过程中，大力推行生产设计，推行清洁生产，加强工业污染防治。大力推进重点行业清洁生产和结构优化，减少大气污染排放。强化重点行业节能减排和节水技术改造，提高工业集约用地水平。大力推行大气污染防治工业清洁生产技术方案，在钢铁、建材、石化、化工、有色等重点行业推广先进适用清洁生产技术，大幅度削减二氧化硫、氮氧化物、烟粉尘和挥发性有机物，从源头上解决污染排放问题。三是推进工业资源循环利用，积极打造循环经济产业链。推进工业"三废"综合利用，指导企业开展冶炼废渣、化工碱渣、尾矿等工业废渣的资源化利用，提高综合利用率。积极落实资源综合利用税收优惠政策，推动建立减量化、再利用、再循环的资源综合利用型企业。四是实行生产责任延伸制度。该制度强调生产者的主导作用。在一些重点行业实行生产责任延伸制度，提高生产者对产品的整个生命周期，特别是对产品的包装物和消费后废弃的产品进行回收和再生利用。

（三）坚持低碳发展

低碳发展是一种以低耗能、低污染、低排放为特征的可持续发展模式，是对能源进行一次彻底的变革。低碳发展一方面要降低二氧化碳排放，另一方面要实现经济社会发展。

1. 推进能源革命，也就是"能源生产革命"。主要是指能源形态的变更，以及人类能源开发和利用方式的重大突破。能源消费是一定时期内，物质生产与居民生活消费等部门消耗的各种能源资源。习近平同志就推动能源生产和消费革命提出五点要求:"第一,推动能源消费革命,抑制不合理能源消费。第二,推动能源供给革命,建立多元供应体系。第三,推动能源技术革命,带动产业升级。第四,推动能源体制革命,打通能源发展快车道。第五,全方位加强国际合作,实现开放条件下能源安全。"

能源技术创新是能源革命的基础支撑和动力源泉。中国要走出一条新型的能源发展道路,构建起高效、绿色、安全的能源系统,不仅需要新兴的可再生能源技术和智能能源技术,需要先进的非常规油气技术和核电技术,还需要传统的节能技术和煤炭清洁高效利用技术。能源技术创新对保障国家能源安全至关重要。能源技术创新需要政府的支持和投入,特别是提高技术标准、制定鼓励性政策等方面。为了保证中国的能源安全,我们必须大力发展清洁能源技术。首先,立足中国的国情,把握能源技术创新的重点方向和领域。通过依托重大工程,以重大科技专项攻关为抓手,力争突破页岩油气、深海油气、可燃冰、新一代核电能源领域的一批关键性技术;同时加强国内能源创新体系和能源装备工业体系建设,推动能源装备国产化、产业化,创新能源装备制造平台建设,加快能源科技成果转化,抢占绿色能源技术的制高点。其次,紧跟国际能源技术革命新趋势,拓宽新视野。积极吸收国际上成熟的技术和经验,推动页岩油气开采技术、大电网技术等国际先进技术在国内应用;积极加强国际合作,有效利用国际能源资源,不断优化我国能源结构。优化能源结构的路径是:降低煤炭消费比重,提高天然气消费比重,大力发展风电、太阳能、地热能等可再生能源,安全发展核电。

2. 加快能源体制变革。能源体制变革是能源革命的保证。能源领域的体制改革与制度创新,需要与技术创新同步推进,落后的体制机制会阻碍技术创新。我国能源领域的体制改革面临着复杂的情况,对能源领域该不该市场化、哪些领域该市场化、如何市场化和打破垄断争论不休,相应监督管理机制的转型难以推进。因此,能源体制改革的重点和核心:第一,加快政府职能转变。要真正做到政府职能的合理转变和政府作用的有效发挥,必须实现从"功能泛化的传统能源管理体系"向着"功能分化的现代能源管理体系"的转变。第二,还原能源的产品属性,为市场在能源配置中起决定性作用创造条件。坚定不移地推进改革,构建有效竞争的市场结构和市场体系,放宽市场准入,推动能源投资主体多元化。形成主要由市场决定能源价格的机制,建立健全能源法律法规体系,建立节能减排长效机制,促进绿色能源的使用。

互联网+能源的大众革命。能源互联网作为一种新经济形态,其改造的逻辑是互联网思维占主导。能源系统的再分散和再集中都是能源技术和体制的新革命,其特点在于先"分"后"合",其生产"终端"将变得更为多元化、小型化和智能化,交易主体数量更为庞大,竞争更为充分和透明,最终形成的大能源市场则更为一体化，资源配置自由化。最终完成和电信网、广播电视网、互联网、物联网之间的大融合。互联网＋能源采用的是互联网理念、方法和技术实现能源基础设施架构本身的重大变革。能源革命的大众思维有可能产生新的社会推动力量和普惠机制，同样可能带来生态环境治理的新契机。随着网络智能化水平的提高，高比例低碳和零碳能源将成为可能，能源的"即插拨"模式将大大改善能源结构的动态性。在互联网思维的时代里，能源免费时代也有可能随之到来。

3. 能源资源的多元化和低碳化发展。一是通过技术创新来引领能源资源的多元化和低碳化发展。突破太阳能光伏的核心技术。多晶硅是太阳能光伏产业的核心，其技术线路有多种。目前世界多数国家（包括我国）采用的是改良西门子法，这一技术能耗高（耗电100千瓦时/千克）、生产成本高（50美元/千克），正逐步被能耗低、成本低的硫化床法、冶金法（耗电30～50千瓦时/千克、成本10～20美元/千克）替代。中国正积极研发或引进冶金法、薄膜太阳能光伏等技术、工艺和设备，并力争在三年内实现大规模产业化。二是突破风电装备技术。目前，全国风电装备技术大多是技术引进、技术许可方式，不具备核心技术。因此，我国必须在引进国外先进技术的同时，加强消化吸收再创新，形成自主知识产权的核心技术。三是通过优势领域的重点项目和企业来引领能源资源的多元化和低碳化发展。目前，国内外在绿色能源及环保产业领域的竞争力极为激烈，中国要想在竞争中赢得主动，应学习借鉴外国政府支持大企业、大力发展信息产业的经验，凭借政府的强力支持，培养一批低碳能源企业。在太阳能光伏领域，加大资金投入力度，积极创造条件，争取外国太阳能行业在中国设立研发中心、运营中心。在风电领域，重点扶持大中型国有电力企业发展风电装备，建设风能电厂，开展风电运营。在核电领域，重点支持国家级的核能发电企业，尽快多建大型核电站来满足我国的供电需求。在生物质能领域，尽快解决国家重点扶持企业配套的木本油料生产基地建设、秸秆稳定供应、低碳能源指标及价格补贴、电力上网等问题。显而易见，低碳能源产业成本较高，但具有低污染、可再生、可持续特点，政府应对低碳能源产业给予适当的减税或财政补贴等政策支持。

参考文献

[1] 高红贵：《关于生态文明建设的几点思考》，载《中国地质大学学报（社会科学版）》2013年第5期。

[2] 王亚丽：《论新时代生态文明建设的民生观》，载《延边党校学报》2018年第3期。

[3] 刘思华：《对建设社会主义生态文明论的再回忆——兼论中国特色社会主义道路"五位一体"总体目标》，载《海派经济学》2013年第4期。

[4] 曹旭、霍昭妃：《生态文明建设途径探析》，载《当代经济》2011年第19期。

[5] 陈羽：《从"建设美丽中国"看生态文明建设》，载《重庆科技学院学报（社会科学版）》2013年第6期。

［6］刘克稳、刘峰江：《深度解读十八大报告关于生态文明建设的全新构想》，载《乐山师范学院学报》2013年第1期。

［7］吴时舫：《面对资源环境问题的绿色投资模式选择》，载《江苏商论》2008年第10期。

［8］杨春平：《推动生产方式绿色化》，载《光明日报》2015年5月12日。

［9］李宁宁：《绿色发展和生产方式绿色化》，载《唯实》2015年第9期。

［10］戴孝悌：《新世纪以来我国农业产业发展理论研究述评》，载《黑龙江农业科学》2011年第12期。

［11］戴星照、周杨明、黄宝荣等：《生态文明视野下江西绿色崛起的路径思考》，载《鄱阳湖学刊》2014年第5期。

［12］高红贵、罗颖：《供给侧改革下绿色经济发展道路研究》，载《创新》2017年第6期。

［13］张敏：《改革开放40年来我国对国际能源治理的理念认知与行动参与》，载《中国能源》2018年第4期。

［14］黄晓勇：《新常态下能源革命蓄势待发》，载《人民日报》2015年5月6日。

［15］王秀强：《能源发展路线图：能源行动计划解读与趋势分析》，载《新世纪经济报道》2014年第11期。

［16］石晓娜：《中国推动低碳能源的新举措》，引自《低碳经济：让地球和人类一起再继续》，天津人民出版社，2013年4月1日。

（与李攀合作完成，提交中国生态经济学会、《光明日报》理论部、
江西省社会科学院联合举办的"生态文明·绿色发展"
学术研讨会暨江西·智库论坛，2015年12月）

为社会主义生态文明建设创造制度基石

党的十八大报告强调，要把生态文明建设放在突出地位，融入经济建设、政治建设、文化建设、社会建设各方面和全过程。生态文明建设提升到总体布局的高度加以强调，是党对中国特色社会主义事业发展规律认识进一步深化的结果，也是中国特色社会主义实践发展的结果。建设社会主义生态文明，全面实现社会主义小康社会目标，必须充分发挥制度安排对生态文明建设的引导作用，制定完备的、可操作性强的制度去落实生态文明的各种具体要求，通过制度去规范人的各种可能影响环境的行为。良好的制度可以起到导向与激励作用，引导经济与社会走向社会主义生态文明发展道路。因此，建设生态文明的根本在于制度建设。生态文明制度建设是生态文明建设的重要保障，它为生态文明建设提供规范和监督的约束力量。加快推进生态文明建设，必须制度先行，这样才能形成适应生态文明理念要求的硬约束，保证生态文明建设的针对性、实效性和计划性，促进社会主义经济发展向资源节约、环境友好、生态安全的方向转变。

一、建立和完善能够体现生态价值的资源有偿使用制度

我国现行的自然资源法律虽然部分建立了资源有偿使用制度，如《土地管理法》《自然资源法》等，但其本身的定价很不合理，没有反映资源的生态价值。自然资源的低价使得私人企业有利可图，它们通过从政府手中低价购得的资源产权，以利益最大化作为自身经济发展的目标，大量地利用廉价资源以获取最大化的私利，从而造成了资源的极大浪费和破坏。因此，党的十八大报告在生态文明制度建设方面，提出建立一种反映市场供求和资源稀缺程度、体现生态价值的资源有偿使用制度。该制度的重点应该包括：

建立真实反映资源稀缺程度、市场供求关系、环境损害成本的价格机制。目前，我国资源性产品（石油、天然气、水、土地、电力、煤炭）价格大多数由政府控制，整体价格偏低，没有真实地反映市场的供求。不但难以对地方政府和企业起到节约使用资源的激励与约束作用，反而由此产生了大量的资源浪费和环境

污染问题。建立科学合理的产品价格机制，本质上就是建立一个资源产品价格反映资源稀缺和环境成本的机制。这种价格机制要求尽快明确政府职能，建立合理的政府补偿机制。通过完善资源价格体系结构，将资源自身的价值、开采成本、环境代价等均纳入资源价格体系，为资源有偿使用的实施提供制度保障。

加快自然资源产权制度改革，建立边界清晰、权能健全、流转顺畅的资源产权制度。自然资源产权界定及产权关系不明晰，容易导致因争夺资源而发生冲突，破坏资源矿产；容易导致资源的流失和生态环境的破坏。同时，不能真正建立起自然资源交易制度。自然资源交易制度是保证自然资源市场得以有效运行的关键。合理的交易制度有利于自然资源市场化，实现自然资源在部门间、地区间的合理配置。

强化自然资源的资产化管理制度。科学发展观的提出以及成为我国经济社会发展的重要指导方针，赋予了未来自然资源管理新的内涵。这就是在资源开发利用和分配过程中，要考虑长远利益和子孙后代的福利，要考虑资源管理与环境保护的耦合，正确处理资源管理与资源产业管理的关系。充分发挥财政的配置职能，做好资源有偿使用收入的管理工作。

二、建立能够增强生态产品生产能力的制度推进机制

党的十八大报告集中论述大力推进生态文明建设，其中在提到加大自然生态系统和环境保护力度时强调，要"增强生态产品生产能力"。"生态产品"是党的十八大报告提出的新概念，是生态文明建设的一个核心理念。过去我们定义产品，是从市场的角度，现在我们必须从生态的角度来定义产品。也就是在物质产品生产过程中不再破坏生态，关于什么是生态产品，现在没有权威和定型的定义，百度百科的定义是"指维系生态安全、保障生态调节功能、提供良好人居环境的自然要素，包括清新的空气、清洁的水源和宜人的气候等。生态产品的特点在于节约能源、无公害、可再生"。随着人民生活水平的提高，老百姓对优质生态产品、优良生态环境的需求越来越迫切。

社会主义生态文明不仅是一种社会意识的制度安排，而且是一种生态创新和满足社会对生态产品需要的能力。这种满足人类对生态产品需要的能力，并不是人类对自然界的一种单纯的索取，而是一种在协调人与自然关系的过程中，不断地进行生态创新，加强生态环境资本的存量和再生产能力的一个过程。增强生态生产能力，这里是指完全生态系统的一种生产能力，我们无法探讨，但我们可以探讨进行什么样的制度安排让自然生态系统休养生息。我们现在探讨准生态产品的问题，探讨物质生产中的生态化制度安排、设计，通过制度安排来提高绿色产

品的生产能力，提高产品科技含量的同时，提高产品的生态含量。在产品的生态安全责任化下，再来谈产品的生态化、绿色化问题。由于生态系统总体上是公共所有或公共享有的，所以，生态产品一般具有公共产品的性质，从这个意义上来说，很多生态产品适合由政府来制造和提供。当然，政府也要提供制度安排来激励生态产品的私人提供者。因此，生态产品的供给不能依靠市场化运行机制，而需要一个制度层面的强力推进机制。比如绿色投资、生态补偿等。

增强生态产品的生产能力亟须绿色投资。进行绿色投资，保护资源环境是每个国家和地区政府的责任。政府可以直接利用财政资金投资于环境资源保护领域，也可以对投资项目通过合作方式投资入股进行绿色投资。企业绿色投资，是在利益的驱使下进行的。政府应该通过环境法律法规和相关的政策措施引导企业把资金投入到生态产品的生产上，力求让企业从源头上向人们提供信得过的生态产品。特别是通过财税、金融等政策鼓励、引导民营企业的绿色投资，推进清洁生产和资源循环利用的生态化生产方式的实施，提高生态产品的供给能力。政府可以通过补贴、给予一定年限的产权等方式来激励私人投资主体投资于绿色公共服务产业。

增强生态产品的生产能力亟须加快建立生态补偿机制。生态补偿机制是这样一种经济制度：通过制度创新实行生态保护外部性的内部化，让生态"受益者"付费；通过体制创新增强生态产品的生产能力；通过机制创新激励投资者从事生态投资。这一制度的实施，既离不开市场机制，又离不开政府的强制力和执行力。因此，必须按照责、权、利相统一、共建共享、政府引导与市场调控相结合和因地制宜积极创新的原则，建立健全生态补偿长效机制，出台生态补偿办法，具体落实相关政策措施，实施生态补偿保证金制度，增加生态产品的供给。

三、建立科学的生态文明建设考评制度

科学的生态文明考评制度是转变观念的指挥棒。加强社会主义生态文明的制度建设，必须建立科学的生态文明建设评价体系。党的十八大报告指出，"要把资源损耗、环境损害、生态效益纳入经济社会发展评价体系，建立体现社会主义生态文明要求的目标体系、考核办法、奖惩机制"。

改革干部考评制度。坚决摒弃以GDP论英雄的考核标准，代之以符合科学发展观要求的考核标准。工业文明的发展目标是单纯追求GDP，用消灭生态价值来创造经济价值，在获得最大量经济效益的同时，毁灭了巨大的生态价值。唯GDP的思想观念，不仅支配着各级领导干部，而且支配着干部的考核与任用。考核制度是转变观念重要的指挥棒。指挥棒对了，生态文明建设的整体推进就有了

动力。党的十八大报告指出,"建设生态文明,是关系人民福祉、关乎民族未来的长远大计。"党中央关于生态文明建设的鲜明主张,不仅彰显了以人为本、执政为民的理念,而且也强化了均衡发展和可持续发展的执政理念。"五位一体"总布局的根本目的是为了更好地实现、发展和维护人民群众的利益。人民群众的利益不仅包括经济利益、政治利益、文化利益、社会权益,也包括生态利益。建立体现生态文明要求的考评制度,能更好地实现人们群众的利益。

增加生态文明建设在考核评价中的权重。切切实实提高生态指标在各级政府领导班子和领导干部实绩考核中的比重,提高考核结果使用的实效性。注重把生态文明建设考核结果作为干部任用、奖惩的重要依据,注重探索干部影响生态文明建设的问责机制。对因行政不作为或作为不当,完不成生态文明建设任务的单位和个人,实行问责。对因决策失误造成重大生态环境事故的、影响人民群众健康和威胁资源、环境、生态安全的,要按照有关规定追究相关地方、单位和人员的责任。对在生态文明建设中做出突出贡献的单位和个人给予表彰和奖励。针对生态文明建设的新形势、新局面,不断探索、创新生态文明制度,使制度建设向全面性、社会性及创新性方向发展。

把资源损耗、环境损害、生态效益纳入经济社会发展评价体系。科学的生态文明建设评价体系应该包括以下四个方面:生态经济方面(产业结构、主要污染物排放、资源消耗与资源节约)、生态环境方面(空气质量、环境质量、土壤质量、绿化和环境基础设施)、生态文化方面(环保意识、生态文明认知程度、生态素质提高、生态创建活动)、生态制度方面(绿色投资、科学执政、环境信息公开)。建立生态文明建设评价指标体系,要因地制宜,既要具有针对性又要具有公平性。从而将生态文明建设落实到实处。

四、加快生态文明制度建设相关法律法规建设

加快生态文明制度建设,不仅仅满足于对现有法律法规的修修补补,而必须在全面梳理生态环境保护相关法律法规的基础上,彻底清理不利于生态环境保护与建设的规定。积极推进生态文明建设领域的立法。我国环境法制建设起步较晚,存在许多问题。我们现在特别缺乏一种能使"三个目标"(生态目标、经济目标和社会目标)、"三种效益"(生态效益、经济效益和社会效益)有机统一和最佳结合的法律制度安排。因此,我们必须在借鉴国外先进经验的基础上,结合我国具体国情,根据时代法制要求和生态文明建设的需要,根据生态目标优先、生态效益优先的原则,完善现有生态环境保护法律体系。

加强生态环境保护的立法与执法。加快我国的环境立法,针对环境资源中的

新问题，加快环境与资源立法的国际合作与交流，按照生态文明理念的新要求，科学合理地修改与制定有关生态环境保护的法律法规。加大生态环境监管力度和执法力度。同时，完善生态环境教育与公众参与制度，鼓励公众依法参与环境公共事务，维护环境权益，提高守法意识。

加快制定有关土壤污染、化学物质污染、生态保护、遗传资源、生物安全、臭氧层保护、核安全、环境损害赔偿和环境监测等专门法律法规。健全环境损害赔偿制度和生态环境保护责任追究制度。对现有的环境技术规范和标准体系，应该根据实际情况，适当进行修订，使环境标准与环境保护目标能够做到相互衔接、协调和配合，减少和尽量避免相互矛盾。对一些不适应社会主义生态文明建设要求的经济政策法规重新修订，创建有利于增强生态产品生产能力的经济政策法规。

突出地方环境的生态立法。根据不同地区的实际情况，在科学预见的基础上超前立法。以十八大精神为指导，以科学发展观和可持续发展观作为生态立法的基础，运用生态学的观点将生活环境和生态环境作为以一个有机整体来加以考虑，构建一个标本兼治的环境立法体系，借助法律手段推进生态文明建设。坚决贯彻国家和地方生态环境保护的相关法律法规。

参考文献

［1］高红贵、汪成：《论建设生态文明的生态经济制度建设》，载《生态经济》2014年第8期。

［2］孟庆瑜：《我国自然资源产权制度的改革与创新———一种可持续发展的检视与反思》，载《中国人口·资源与环境》2003年第1期。

［3］李浩淼：《生态文明建设的含义》，载《西部地区生态文明建设与经济发展关系研究》2013年10月。

［4］高红贵：《为美丽中国创设制度基石》，载《湖北日报》理论前沿，2012年12月12日。

［5］王金霞：《加快推进生态文明制度建设》，载《经济研究导刊》2014年第36期。

［6］高红贵、罗颖：《供给侧改革下绿色经济发展道路研究》，载《创新》2017年第6期。

［7］高红贵：《构筑实现绿色经济发展战略的支撑体系》，引自《生态经济与生态文明建设研究》，江西人民出版社2015年版。

［8］高红贵：《关于生态文明建设的几点思考》，载《中国地质大学学报（社会科学版）》2013年第5期。

［9］牛二耀：《十八大以来国内生态文明制度建设研究综述》，载《西安建筑科技大学学报（社会科学版）》2014年第4期。

（提交2013年世界政治经济学学会第8届论坛的会议论文）

论建设生态文明的生态经济制度建设

生态文明建设和建设生态文明是中国特色社会主义文明发展的题中之义。党的十八大在十七大的基础上，明确提出"建设生态文明，是关系人民福祉、关乎民族未来的长远大计"；"要把生态文明建设放在突出地位，融入经济建设、政治建设、文化建设、社会建设各方面和全过程"[1]。建设社会主义生态文明，全面实现社会主义小康社会目标，必须充分发挥制度安排对生态文明建设的引导作用，制定完备的、可操作性强的制度去落实生态文明的各种具体要求，通过制度去规范人们的各种可能影响环境的行为。良好的制度可以起到导向与激励作用，引导经济与社会走向社会主义生态文明发展道路，制度是推进生态文明建设的保证。然而，现行的制度不能适应生态文明建设的总体要求，因此，党的十八届三中全会通过的《关于全面深化改革若干重大问题的决定》强调，深化生态文明体制改革的目标是"紧紧围绕建设美丽中国，加快建立生态文明制度"。

一、建立具有中国特色的社会主义生态市场经济体制

今日的全球经济是受市场力量所左右，并非受生态学原理所制约[2]84。市场力量是不会关注人与自然的关系。世界各国市场经济体制及运行机制，基本上是以人与自然、生态与经济相分离与对立为特征的。虽然我国已经初步建立起社会主义市场经济体制，但仍然保留着生态与经济相脱离、人与自然不和谐的基本特征，从而使经济运行不能反映生态学真理，市场力量不能反映商品和服务的全部成本。因此，需要继续深化经济体制改革，这项经济变革是要把世界引导到一条能维系环境永续不衰的发展道路上，即经济体制的生态革命。

我国经济体制改革，应当有步骤地实现两个根本性转变：一是从传统计划经济体制向现代市场经济体制的根本转变，即建立社会主义市场经济体制；二是从现存市场经济体制向可持续发展经济体制的根本转变，即建立中国特色的生态市场经济体制。这是一个问题的两个方面，应该说是同步进行的[3]354。从现在来

看，这两个转变正在进行，第一个转变还没有完全实现，第二个转变是我们努力的重点，即第二个转变的重点就是要加快进行经济体制的生态革命，将我们的经济转变为一种生态经济，将一种以市场力量为导向的经济转变成一种以生态法则为导向的经济[2]88。生态市场经济是一种特殊的制度安排。这种制度是以生态文明为指导的，其运行基础仍然是市场机制，但它体现了一种新的文明、新的制度、新的行为规范等[4]。生态市场经济体制是生态与经济一体化的现代市场经济体制。它既是一种新的经济体制，又是一种新的经济形态。它是在可持续发展观和可持续发展经济观指导下，克服传统经济体制的根本缺陷和主要弊端的基础上形成的，是一种符合生态文明发展观要求的崭新的经济体制。它的运行是要把现代经济社会发展转移到良性的生态循环和经济循环的轨道上来，实现生态环境与经济社会相互协调与可持续发展[3]348-349。

　　建立具有中国特色的社会主义生态市场经济体制，必须要建立和完善能够体现生态价值的资源有偿使用制度和生态补偿制度。传统的市场经济体制最大的弊端是它破坏生态环境和自然资源，并会导致社会内部严重的两极分化。要避免传统的市场经济体制对生态环境和公共性自然资源的破坏与浪费，就必须改变自然资源不能反映市场价格的制度安排，使生态产品具有相应的价格，以实现生态经济建设者的利益补偿。该制度的重点应该包括[5]11：一是建立真实反映资源稀缺程度、市场供求关系、环境损害成本的价格机制。目前，我国资源性产品（石油、天然气、水、土地、电力、煤炭）价格大多数由政府控制，整体价格偏低，没有真实地反映市场的供求。不但难以对地方政府和企业起到节约使用资源的激励与约束作用，反而由此产生了大量的资源浪费和环境污染问题。建立科学合理的产品价格机制，本质上就是建立一个资源产品价格反映资源稀缺和环境成本的机制。这种价格机制要求尽快明确政府职能，建立合理的政府补偿机制。通过完善资源价格体系结构，将资源自身的价值、开采成本、环境代价等均纳入资源价格体系，为资源有偿使用的实施提供制度保障。二是加快自然资源产权制度改革，建立边界清晰、权能健全、流转顺畅的生态资源产权制度。自然资源产权界定及产权关系不明晰，容易导致因争夺资源而发生冲突，破坏资源矿产；容易导致资源的流失和生态环境的破坏。因此，对水流、森林、山岭、草原、荒地、滩涂等自然生态空间进行统一确权登记，形成归属清晰、权责明确、监管有效的自然资产产权制度[6]。三是加快建立生态补偿机制。生态补偿机制是这样一种经济制度：通过制度创新实行生态保护外部性的内部化，让生态"受益者"付费；通过体制创新增强生态产品的生产能力；通过机制创新激励投资者从事生态投资，建立吸引社会资本投入生态环境保护的市场化机制。这一制度的实施，既离不开市场机制，又离不开政府的强制力和执行力。因此，必须按照责、权、利相统一、共建共享、政府引导与市场调控相结合和因地制宜积极创新的原则,完善对重点生态功能区的生态补偿长效机制,推动区域间建立横向生态补偿制度。

建立具有中国特色的社会主义生态市场经济体制,既要反映中国国情、社会主义基本制度和社会主义经济本质,又要体现可持续发展经济体制的一般性。我国的基本国情:生态环境严峻、资源匮乏、社会环境问题严重,这迫使我们不得不加快进入生态市场经济社会。自进入 21 世纪以来,我国陆续提出建设"资源节约型和环境友好型社会"、和谐社会,倡导生态文明,建设"美丽中国",最近又提出实现中国梦。政府提出的这些问题,正是我国当前最严峻从而需要迫切解决的问题。因此,我们在深化经济体制改革过程中,努力朝着可持续发展经济体制迈进。可持续发展经济体制的本质特征就是生态与经济相结合,生态与经济一体化,生态凌驾于经济之上,生态系统为人类提供的服务有时可能比为我们提供的产品更有价值。从长远发展趋势来看,生态经济将成为 21 世纪的主流经济形态。这种新经济形态的运行过程能够保证:坚决反对以牺牲生态环境为代价去谋求发展;坚决反对以牺牲当前的发展去危害长远的发展;坚决反对用局部的发展去损害整体的发展;坚决反对用自身的发展去剥夺他人的发展。在新的生态市场经济体制下,能够实现人类自身价值和自然界价值的统一,当代人的发展权和后代人发展权的统一;能够实现"生态—经济—社会"三维复合系统的协调发展[7]。

建立具有中国特色的社会主义生态市场经济体制,不仅要把物质文明建设纳入社会主义生态市场经济轨道,而且要把生态文明建设、精神文明建设纳入社会主义生态市场经济轨道;不仅要把经济系统中的全部经济社会生产与再生产纳入社会主义生态市场经济轨道,而且要把生态系统中某些自然生态生产与再生产纳入社会主义生态市场经济轨道。党的十八大总部署,明确提出要把生态文明建设融入到经济建设、政治建设、文化建设、社会建设各方面和全过程。这样,我们要建构的社会主义生态市场经济体制,不是孤立地建立在经济系统的生产和再生产领域的经济体制;而必须是建立能够使"五大建设"协调发展的经济体制,强调"五大建设"均衡发展、可持续发展和以人为本的生态市场经济体制。

二、建立能实现生态效益、经济效益、社会效益有机统一和最佳结合的生态经济制度

制度是由正式约束、非正式约束和实施机制共同构成的。生态经济制度建设必须遵循生态学原理,特别关注人与自然的和谐关系。工业文明的发展目标是单

纯追求 GDP，用消灭生态价值来创造经济价值，在获得最大量经济效益的同时，毁灭了巨大的生态价值。整个社会的生产和再生产过程，始终是以大量消耗自然资源和经济资源，达到尽可能地更多的自然资源转化为物质产品的目的。人们把追求经济效益作为唯一目标，忽视生态上的要求，这种在生态上的巨大缺陷不仅不能实现经济增长或经济发展与可持续性的有机统一；而且造成了当今巨大的生态危机，更谈不上实现生态效益、经济效益、社会效益的有机统一和最佳结合。伴随着人类对工业文明的反思，人类要摆脱这场生态危机，呼唤一场文明形态的全面变革。这场变革就是生态文明的转型，以生态文明取代工业文明成为人类历史发展不可逆转的必然选择。

改革开放 30 多年来，我们党对生态环境问题日益重视。理论界和社会各界开始对人口、资源、环境等问题进行新的思考，政府也积极采取各种措施推动环境保护及生态文明建设。1983 年，环境保护被确立为我国必须长期坚持的一项基本国策，环境保护观念开始深入人心。到 2007 年，建设生态文明写进党的十七大报告，我们党开始将生态文明建设列为全面建设小康社会的重点要求，并提出要使"生态文明观念在全社会牢固树立"，生态文明建设已经上升为执政党治国理政的重要战略组成部分。党的十八大将生态文明建设提升到更高的战略层面，与经济建设、政治建设、文化建设、社会建设并列。生态文明战略地位的提升，体现了党对生态文明建设认识不断深化，生态文明建设实践在不断深入，建设生态文明自觉性在不断增强。同时，党的十八大报告还提出："努力走向社会主义生态文明新时代"的崭新概念，将生态文明提升到了人类社会发展的一个特定时代的高度。

站在社会主义生态文明新时代这样一个高度，我们清楚地知道，生态文明新时代应该具有以下本质特征：（1）生态时代不仅是人与自然环境的协调发展，而且是人与社会环境的协调发展，这两种发展关系是相互依赖、互相制约、互相作用的有机统一；（2）生态时代的人与自然环境的协调关系是人与社会的社会关系，人与社会环境的协调关系是人与人的生产关系；（3）人与自然的协调关系，是生态时代的自然属性，人与人的协调关系，是生态时代的社会属性。这两种属性的有机统一，构成了生态时代的本质，这两种属性的协调发展，形成了生态时代的自然史和人类史，并推动生态文明从低级向高级不断发展。因此，生态时代的本质特征，就是把现代经济社会发展切实转移到良性的生态循环和经济循环的轨道上来，使人、社会与自然重新成为有机统一体，实现生态与经济协调的可持续发展[8]。

在生态文明的新时代里，我们要以"建设美丽中国，实现中华民族永续发展"为目标。要想给我们子孙后代留下更蓝的天、更绿的地、更青的山、更净的水，我们必须落实科学发展观，落实党的十八大报告提出的明确要求。坚持生态立国的基本国策，坚持生态优先发展的战略方针，这是推进生态文明建设的基本政策和根本方针，是实现生态效益、经济效益、社会效益有机统一和最佳结合的生态经济制度。生态经济是一种与地球的生态系统保持和谐关系的经济，是人们在为实现自身利益努力的同时，将更加关注生态利益、社会利益和他人利益。生态市场经济是经济效益、生态效益、社会效益相统一、相结合的经济，能够正确反映生态系统的商品和服务的价值和全部成本，能够有效地克服传统市场经济发展中不顾社会成本、环境代价而一味追求经济效益的缺点，使发展经济、保护环境、优化生态辩证统一起来并实现三者协调发展。因此，贯彻和落实"生态立国"的基本国策和生态经济优先发展的根本方针，其实质就是经济社会活动全过程的生态化变革，其目的就是生态与经济一体化的整合过程[5]11。

三、建立和完善社会主义生态文明建设相关的法律法规制度

我国是一个正处于由计划经济体制向市场经济体制转轨过程中的发展中国家，目前正面临着发展经济和环境保护的双重任务。如果没有建立起适应市场经济体制的完备的符合生态文明要求的法律制度体系，都将严重制约我国生态文明建设。保护生态环境必须依靠制度。

党的十七大以来，我国已初步形成了生态文明建设的基本制度框架，但转轨中的经济体制依然制约和扭曲了自然资源的配置。自然资源和生态环境资源被无偿甚至廉价使用，这不仅导致了资源危机、能源危机和生态环境危机，也助长了高投入、高消耗、高污染的生产方式和消费方式。推进生态文明建设，目的在于打破资源环境瓶颈制约，其根本目的就是要不断改善生态环境质量，不断提升人与自然和谐相处的水平。要实现这个目标，必须把生态文明建设的理念、原则、目标等深刻地融入和全面贯穿到经济、政治、文化、社会建设的各方面和全过程。生态文明建设对法律法规方面有更高的要求，现有的法律法规制度建设与生态市场经济的要求不相适应。因此，在当前和今后一段时期，必须以党的十八大精神为指导，以生态文明建设新理念为指引，以科学发展观和可持续发展观作为生态立法的基础，运用生态学的观点将生活环境和生态环境作为一个有机整体来加以考虑，构建一个标本兼治的环境立法体系，借助法律手段推进生态文明建设。坚决贯彻国家和地方生态环境保护的相关法律法规。根据不同地区的实际情况，在科学预见的基础上超前立法、加快立法。

建立和完善符合生态文明建设需求的法律体系。在各种经济立法中要突出生态文明的内涵，使经济发展与生态文明的协调发展在经济法律体系中得到充分的体现。在建设生态文明的新时代里，我们不仅仅满足于对现有法律法规的修修补

补，而必须在全面梳理生态环境保护相关法律法规的基础上，彻底清理不利于生态环境保护与建设的规定。积极推进生态文明建设领域的立法。要使制度安排得到实施，就必须建立起完备的符合生态市场经济要求并且具有高度可操作性的司法体系。

建立和加强生态市场经济的法制建设。根据市场经济体制下生态环境与经济社会协调发展的要求，根据时代法制要求和生态文明建设的需要，根据生态目标优先、生态效益优先的铁的原则，完善现有生态环境保护法律体系。同时要使法律制度得到贯彻实施，就必须建立起完备的符合生态市场经济要求并且具有高度可操作性的司法体系。没有这样一种司法保证，生态市场经济社会的生态效益目标是不可能实现的。建立和完善严格监管所有污染物排放的环境保护管理制度，加大环保管理机构进行环境监管和行政执法的权力。

加快制定部门法律法规和规章制度，修订和终止那些不适应社会主义生态文明建设要求的经济政策法规，创建有利于社会主义生态文明建设的经济政策法规。加快制定有关土壤污染、化学物质污染、生态保护、遗传资源、生物安全、臭氧层保护、核安全、环境损害赔偿和环境监测等专门法律法规。健全环境损害赔偿制度和生态环境保护责任追究制度。对现有的环境技术规范和标准体系，应该根据实际情况，适当进行修订，使环境标准与环境保护目标能够做到相互衔接、协调和配合，减少和尽量避免相互矛盾。对一些不适应社会主义生态文明建设要求的经济政策法规重新修订，创建有利于增强生态产品生产能力的经济政策法规。

参考文献

[1] 胡锦涛：坚定不移沿着中国特色社会主义道路前进为全面建成小康社会而奋斗［R/OL］．（2012-11-19）．http：//www.xj.xinhuanet.com/2012-11/19/c113722546.htm．

[2] ［美］莱斯特·R.布朗．生态经济［M］．林自新，等，译．北京：东方出版社，2002．

[3] 刘思华．可持续发展经济学［M］．武汉：湖北人民出版社，1997．

[4] 杨文进，杨柳青．论市场经济向生态市场经济的蜕变［J］．中国地质大学学报：社会科学版，2013（3）：20-25．

[5] 高红贵．为美丽中国创设制度基石［N］．湖北日报，2012-12-12．

[6] 关于全面深化改革若干重大问题的决定［R/OL］．（2013-11-15）．http：//www.chinanews.com/gn/2013/11-15/5509681.shtml．

[7] 刘思华．刘思华文集［M］．武汉：湖北人民出版社，2003：365-371．

[8] 刘思华．刘思华选集［M］．南宁：广西人民出版社，2000：267-271．

（与汪成合作完成，原载《生态经济》2014年第8期）

关于生态文明建设的几点思考

一、何谓生态文明建设

根据有关文献资料,在国内外首次对生态文明建设进行马克思主义界定的应该是刘思华教授,他在1994年出版的《当代中国的绿色道路》一书中指出:"生态文明建设是根据我国社会主义条件下劳动者同自然环境进行物质交换的生态关系和人与人之间的矛盾运动,在开发利用自然的同时,保护自然,提高生态环境质量,使人与自然保持和谐统一的关系,有效解决社会活动的需求与自然生态环境系统的供给之间的矛盾,以保证满足人民的生态需要。"[1]18 后来,他把"以保证满足人们的生态需要"修改为"以既保证满足当代人福利增长的生态需要,又能够提供保障后代人发展能力的必需的资源与环境基础",即社会主义生态文明建设。由此可以看出,生态文明建设和社会主义生态文明建设是同义语。截至今日,我国绝大多数人讲生态文明建设的定义,都是讲生态文明的定义。就目前我国学界总体而言,大量的文献资料都是把生态文明、生态文明建设、建设生态文明这三者看成是同义词。

笔者认为,从学理上说,这三者不是同一个概念,是有区别的,不应相互混淆。生态文明是人类为建设美好生态环境而取得的物质成果、精神成果和制度成果的总和,是一个社会对待自然环境的基本态度、理念、认识以及实践的总和。生态文明建设则是端正人们对待自然环境的基本态度、理念、认识,并付诸开发与利用自然的实践的过程。建设生态文明,并不是放弃对物质生活的追求,回到原始生态的生活方式,而是超越和扬弃粗放型的发展方式和不合理的消费模式,提升全社会的文明理念和素质,使人类活动限制在自然资源可承受的范围内,走生产发展、生活富裕、生态良好的文明发展之路。如果把生态文明视为一种目标、理想或发展愿景,那么实现它则需要经历长期的建设过程。因此,可以说生态文明建设是迈向或实现生态文明的操作途径和实践过程。建设生态文明是理念、行动、过程和效果的有机统一体[2]11。

生态文明建设和建设生态文明是中国才有的,是中国特色社会主义文明发展的题中之义,中国共产党对生态文明建设进行了不懈的探索与创新,从"协调发展"到"可持续发展"再到"科学发展观",从"全面建设小康社会"到"建设社会主义和谐社会"再到"建设资源节约型、环境友好型社会"、"生态文明建设"。党的十八大在十七大的基础上,明确提出:"建设生态文明,是关系人民福祉、关乎民族未来的长远大计。面对资源约束趋紧、环境污染严重、生态系统退化的严峻形势,必须树立尊重自然、顺应自然、保护自然的生态文明理念"。十八大所规划的"五位一体"总体布局是总揽国内外大局、贯彻落实科学发展观的一项重要部署。生态文明不再作为经济建设的一部分,而是中国特色社会主义建设"五位一体"总体布局的一部分,生态文明与物质、政治与精神文明既有密切联系又有鲜明的相对独立性。正是基于此,党的十八大报告提出,"把生态文明建设放在突出地位,融入经济、政治、文化、社会建设各方面和全过程,努力建设美丽中国,实现中华民族永续发展"。建设生态文明覆盖了经济、政治、文化和社会多个层面,跨越微观、中观和宏观多个层次,涉及政府、企业、社会公众多个主体,涵盖生产、分配、流通、消费多种环节,包含人口、资源、环境等多种要素[2]13。因此,生态文明建设是一项复杂的系统工程,需要社会系统全方位转型,从人们的思想观念、生产生活方式到政治经济体制等,都需要彻底的改变。

二、生态文明建设的新战略和新方针

(一)生态文明建设的新战略

1. 生态主导型的经济发展战略。生态主导型的经济发展战略目标,就是要努力探索一条生态完备与经济发展、资源丰富与社会进步、产业发达与人民生活水平改善相互促进的良性循环发展道路,走出一条生态保护与经济社会协调发展的生态主导型道路。建设生态文明、发展绿色经济,必须实施生态主导型的发展战略,这是发展中国特色社会主义的新战略,也是21世纪中国现代化发展的基本战略。实施生态主导型的现代发展战略,在经济领域内,就是实施绿色经济与绿色发展战略。绿色发展战略是可持续发展战略的新发展。

实施生态主导型的经济发展战略,是加快转变经济发展方式、大力调整经济结构,走生态文明发展道路,从根本上促进中国生态经济有机整体和谐发展的根本大计,是具有全局性和战略性的重大战略。因此,必须采取如下措施:第一,大力发展生态主导型产业。树立生态文明理念,要以生态文明的理念引领工业经济的发展，要发展有利于生态保护而不是损害生态的生态主导型工业，走依靠科技进步、延长产业链条、降低资源消耗、优化生态环境的绿色工业化道路。坚持生态主导、科学开发的方针，精心保护，修复和提升生态功能。突出培育和发展生态主导型经济，突出科学有序开发矿产资源，通过体制机制创新，综合运用经济、法律和行政手段，充分调动全社会力量，千方百计加大投入力度，大力推进环境修复和重建，科学发展与资源环境相适宜的接续和替代产业。第二，严格保护生态环境。从战略高度加大现有生态环境资源的保护力度，不惜舍弃眼前利益，坚持"污染型企业一个不引进，资源损耗型项目一个不审批"，逐步淘汰转移不符合循环经济的高消耗、高污染、低效益传统制造业企业。坚持在保护中发展，在发展中保护，不以牺牲环境为经济发展的代价。做到经济建设与环境保护同步，实现近期发展与长远发展相统一，经济效益与生态效益相统一，优化经济发展。把生态主导型经济发展作为今后发展的方向。第三，全面提升公众的生态福利。早在1981年罗马俱乐部在《关于财富和福利的对话》一书中就指出："经济和生态是一个不可分割的整体，在生态遭到破坏的世界里不可能有福利和财富。筹集财富的战略不应与保护这一财产的战略截然分开。一方面创造财富，一方面又大肆破坏自然财产，会创造出消极价值或破坏价值。"[3]152~156 因此，现代经济运行与发展必须反映生态学的真理，创造生态生产力，增加生态福利。党的十七大以来，坚持把解决民生问题放在重中之重，着眼解决人民群众最关心、最直接、最现实的利益问题。十八大报告则提出，"建设生态文明，是关系人民福祉、关乎民族未来的长远大计"。"努力建设美丽中国，实现中华民族永续发展"。

2. "资源节约型和环境友好型社会"发展战略。为了缓和与化解我国人均资源匮乏、生态环境脆弱等各种矛盾，党的十六届五中全会明确提出"建设资源节约型、环境友好型社会"，并首次把建设资源节约型和环境友好型社会确定为国民经济与社会发展中长期规划的一项战略任务。建设资源节约型社会就是要在社会生产、建设、流通、消费的各个领域，在经济和社会发展的各个方面，切实保护和合理利用各种资源，提高资源利用效率。建设环境友好型社会，就是要以环境承载能力为基础，以遵循自然规律为核心，以绿色科技为动力，倡导环境文化和生态文明，构建经济社会环境协调发展的社会体系，建立人与自然互动的关系。建设资源节约型和环境友好型社会，既是应对资源短缺的根本战略选择，也是实现可持续发展的内在要求。党的十七大报告指出，"坚持节约资源和保护环境的基本国策，关系人民群众切身利益和中华民族生存发展。必须把建设资源节约型、环境友好型社会放在工业化、现代化发展战略的突出位置，落实到每个单位、每个家庭"。这是历次党代会报告中首次提到"生态文明"的理念，报告中还把以建设节约资源能源和保护生态环境的产业结构、增长方式、消费模式为核心的生态文明作为小康社会目标的新要求之一。党的十七大报告对"绿色发展"路线——建设资源节约、环境友好型社会的强调有利于着力解决中国发展新阶段所面临的突出的资源环境问题。党的十八大在面对资源约束趋紧、环境污染严重、生态系统退化的严峻形势下,强调要坚持节约资源和保护环境的基本国策,切实将保护环境上升到国家意志的战略高度。

节约资源、实现资源高效利用、应对国内资源供需的矛盾对中国既是挑战,也是促进中国转变发展方式、实现可持续发展的重要机遇。因此,把资源节约型、环境友好型社会建设纳入国民经济和社会发展规划及地方规划,能够促进全球及国内可持续发展的双赢。为建设低投入、高产出、低消耗、少排放、能循环、可持续的国民经济体系和资源节约型、环境友好型社会,在资源开发利用方面有更新的要求:一方面要求通过经济与技术等手段,不断加强资源的循环利用,按照减量化、再利用、资源化原则,在资源开采、生产消耗、废物产生、消费等环节,逐步建立全社会的资源循环利用体系;另一方面要求大幅度提高资源的利用效率,减少一定量经济活动所产生的废弃物,由此减轻对生态环境的损害。在环境保护方面:要求全社会都采取有利于环境保护的生产方式、生活方式、消费方式,建立人与环境良性互动的关系。

3. 和谐生态经济发展战略。生态文明的经济形态,就是生态经济形态,又叫绿色经济形态。生态经济是以生态学基本原理来组织整个经济活动。和谐生态经济是指能够发挥所有人的潜能,经济增长的动力机制强劲,同时又符合生态学的基本原理,并且能够不断推进人与自然和人与人之间关系和谐,最终实现人类最大福利的经济形态或制度[4](P61)。和谐生态经济与生态经济、绿色经济都强调人与人和人与自然的和谐,都强调要特别保护自然资源和生态环境。绿色经济发展侧重于运动过程,而和谐生态经济则注重实际状态。

和谐生态经济战略是为了实现人与人和人与自然之间和谐相处、经济增长和人民福利持续改善的目标,制定的各种计划和策略的统一。主要包括:物质资本、生态资本与知识资本相互增殖的计划与策略;积累绿色财富和增加绿色福利的计划和策略;实现人与人之间和谐、人与自然之间和谐的计划与策略等。整个战略的核心和战略目标就是如何提高人与人和人与自然和谐的程度,如何实现人与人和人与自然和谐的有机统一,如何实现人类社会的最大福利。和谐生态经济发展的战略重点是保证三类资本的相互增殖和生态资本的优先增长,实现经济发展与生态环境的相互适应、人口及其需要的增长与地理环境的承载能力相适应等[4]311~312。

因此,要实施和谐生态经济发展战略目标,首先必须正确处理短期增长与长远发展之间的关系,既不能因为过快的短期增长而牺牲长远发展所需要的自然资源生态基础,又不能因为长远发展需要而过分抑制短期增长。其次,必须处理好经济增长与环境保护之间的关系。在坚持生态环境良性循环的基础上，实行经济社会和生态环境相互协调的双赢式发展战略，把社会发展和生态发展融入现代化建设整体发展目标之中，重视经济建设与生态建设同步进行，经济、政治、文化、生态协同发展。

（二）生态文明建设的新方针

1. 生态经济优先发展的战略方针。生态经济优先发展的战略方针就是要把生态建设放在优先发展的战略地位。该方针立足于两个基本点：一是必须坚持在不危及后代人需要的前提下，解决当代人发展与后代人发展的协调关系；二是必须坚持在保护生态环境承受能力可以支撑的前提下，解决当代经济社会发展与生态环境状况的协调发展。生态经济优先发展的战略方针为在我国经济社会发展中确立"生态立国"的基本国策提供了决策依据，也为确立生态环境优先发展的战略地位提供了决策依据。

早在150多年前，马克思在《德意志意识形态》中就提出了自然界对人类的优先地位的思想。自然界对人类的优先地位"既表现在自然界对于人及其意识的先在性上，也表现在人的生存对自然界本质的依赖性上，更突出地表现在人对自然界及其物质的固有规律性的遵循上"[5]230。因此，生态应该也必须优先，这是生态在人类实践活动中享有优先权的一种内在的、本质的必然趋势和客观过程，是不以人们意志为转移的客观规律。一切经济规律都是以自然规律为前提的。

生态经济优先规律是人类处理和自然关系的最高法则。现代人类实践活动必须遵循生态优先规律，必须遵循生态系统的平衡和自然资源的再生循环规律。人类在进行经济、政治、科技、文化等所有社会活动时，都要考虑生态规律的要求。一切经济社会活动要根据生态系统安全优先的原则，构建自己生存和经济社会发展的生态安全体系。当社会经济规律与生态规律、自然生态系统平衡和再生规律发生冲突时，要服从生态优先规律和生态规律。

生态经济优先发展，也就是生态经济学强调的"生态合理性优先"原则，其核心是建立生态优先型经济，即以生态资本保值增殖为基础的绿色经济，追求包括生态、经济、社会三大效益在内的绿色效益最大化，也就是绿色经济效益最大化。因此，必须把协调人与自然的生态关系，放在现代人类生存与发展的首要地位，实现生态优先发展。生态经济优先发展倡导人类实践活动应当在维护地球生态系统的完整性和多样性并在促进地球生物圈的健康和繁荣的基础上，实现其自身生存和发展的需要与利益。主张以生态优先为前提的绿色经济建设为中心，坚决反对以传统发展模式的经济建设为中心；主张以人为本、全面发展、又好又快并且可持续的科学发展，彻底改变"三高一低"的黑色发展道路。

实施生态主导型的经济发展战略，走生态环境与经济社会相协调的发展道路，实质上是生态经济优先的发展道路。十七大提出建设生态文明，十八大把"生态文明建设放在突出地位"，体现了我们党对生态发展规律的认识更加深刻，由经济优先论转向生态优先论。由此，生态经济优先发展的战略方针将会得到更好的贯彻落实。

2. 经济生态化发展方针。这里的"生态化"不是生态学意义上纯自然的生态，是指一种趋势和方向，是指自然、经济、社会和人类之间平衡相依、协调发展的状态和过程，这一过程具有运动和变化的特点。生态化的核心是生态学原理的应用，生态化的最终目的是实现人与人、人与自然以及自然生态系统之间的和谐共生。随着工业化、城镇化的不断推进，人类经济社会活动对自然生态环境的负面影响日益凸显，尊重自然规律、在人类利用自然资源的过程中充分遵循生态学原理的呼声不断高涨，不断要求把生态理念融入到社会生产过程中去，实现经济运行与发展的全面生态化。

经济生态化发展方针的确立有助于生态学原理贯穿于社会经济活动的各个环节。生态学原理应用于不同的社会经济活动过程，有不同的生态化运动和变化特点。不管是哪一种生态化过程都应遵循循序渐进规律。现代人类经济活动的生态化，是指现代人类经济活动遵循生态规律的客观要求，实现经济发展的生态合理性的生态经济过程。它在本质上是指人们经济行为的生态合理性[6]100。有学者从产业经济角度来理解经济运行与发展的生态化过程。所谓产业生态化，是依据生态学原理，运用生态、经济规律和系统工程的方法来经营和管理传统产业，以实现其社会、经济效益最大、资源高效利用、生态环境损害最小和废弃物多层次利用的目标[7]108~113。还有学者认为，经济生态化是增加一个区域的生态成分，提升区域自然价值的一个渐进发展过程。因此，必须推进从市场至消费的全过程生态化，生态环境资源配置的和谐化，生态资产再造和功能激活[8](P783)，从而使经济生产目标从追求最大 GDP 转变到可持续，从单纯追求物质生产转变为物质生产和环境建设同时进行，从单纯提供产品转变为同时提供生态服务，使现代经济体系运行朝着生态化的方向发展。

贯彻和落实经济生态化发展方针，其实质就是社会经济活动全过程的生态化变革，又叫绿色变革。其目的就是改变人与环境、人与自然的生态关系，是生态与经济一体化的整合过程。为此，必须开展以下工作：第一，推进经济发展方式的生态化。经济发展方式的生态化取向，其意旨是走一条符合中国国情的"绿色"经济发展道路。第二，推进技术创新的生态化。所谓技术创新生态化，就是运用生态学的原理与方法，运用可持续发展思想引导企业的技术创新活动。通过技术创新达到既促进经济增长，又推动自然生态平衡和社会生态和谐有序的目的。第三，大力推进城市生态化。要求按照生态学原理重新设计和规划城市。建设生态化的城市交通运输系统，重新设计综合轨道线路、公共汽车线路、自行车道和步行通道的城市交通系统；建设与自然平衡的人居环境；建设以人为本的城市。

3. 以人为本和以生态为本同时并举的方针。以人为本的发展核心是着眼于每个人的全面发展程度的提高，进而实现人类社会的全面进步和发展。科学发展观的核心是以人为本，最终实现人与人之间和谐、人与自然之间和谐。这就是说，科学发展观以人为本的发展理念，同时也彰显着以生态为本的发展理念。按照生态马克思主义经济学哲学观点，以生态为本是以人为本的生态学表述，它本质要求是强调自然界是现代人类生存与发展的生态基础，生存环境是经济社会发展的基础。这是因为，世界系统存在和发展的基础和前提是自然界，它是自然生态和社会经济相互融合的生态经济社会有机整体，它必须服从自然界存在和发展的一般规律。所以，在自然生态系统和现代人类实践活动中，自然生态系统是现代人类实践活动的基础。因此，人类生存和发展必须以良性循环的生态系统与生态资源的持久、稳定的供给能力为基础，使现代人类生存与经济社会发展"绝对建立在生态基础上"[9]49，确保这些基础受到保护和发展，以使它可以支持长期的经济社会发展。

显然，以人为本和以生态为本具有内在的统一性，没有自然生态系统这种基础作保证，每个人的全面发展、人类社会的全面进步和发展是不健康的、不可持续的；而没有每个人的全面发展和人类社会的全面进步和发展，自然生态系统也便失去了它的基础地位和价值目标。

三、生态文明建设的制度建设

生态文明制度是关于推进生态文明建设的行为规则，是关于推进生态文化建设、生态产业发展、生态消费行为、生态环境保护、生态资源开发、生态科技创新等一系列制度的总称[10]18。生态文明制度不是单一的制度，而是制度体系，既包括正式制度（环境法律、环境规章、环境政策等），又包括非正式制度（环境意识、环境观念、环境风俗、环境习惯、环境伦理等）。这里谈到的生态文明制度，是指生态文明正式制度。生态文明的根本在于制度建设，生态文明制度建设是生态文明建设的根本保证，它保证生态文明建设有据可依，促使生态文明建设更好更快地发展。正因如此，党的十八大提出，把生态文明建设放在突出地位，尤其要加强生态文明制度建设。

（一）建立和完善生态文明建设的生态经济制度

1. 建立具有中国特色的社会主义生态市场经济体制，为生态文明建设提供制度基础和体制环境。当今世界，无论是发达国家还是发展中国家，各国市场经济体制及运行机制基本上是以人与自然、生态与经济相分离与对立为特征的。我国已经初步建立起社会主义市场经济体制，但仍然保留着生态与经济相脱离、人与自然不和谐的基本特征，从而使经济运行不能反映生态学真理。因此，需要继续深化经济体制改革，即经济体制的生态革命。

我国经济体制改革，应当有步骤地实现两个根本性转变：一是从传统计划经济体制向现代市场经济体制的根本转变，即建立社会主义市场经济体制；二是从现存市场经济体制向可持续发展经济体制的根本转变，即建立中国特色的生态市场经济体制。这是一个问题的两个方面，应该说是同步进行的[11]354。从现在来看，这两个转变正在进行，第一个转变还没有完全实现，第二个转变是我们努力的重点，即第二个转变的重点就是要加快进行经济体制改革。生态市场经济体制是生态与经济一体化的现代市场经济体制，它既是一种新的经济体制，又是一种新的经济形态。它是在可持续发展观和可持续发展经济观指导下，克服传统经济体制的根本缺陷和主要弊端的基础上形成的，是一种符合生态文明发展观要求的崭新的经济体制。它的运行是要把现代经济社会发展转移到良性的生态循环和经济循环的轨道上来，实现生态环境与经济社会的相互协调与可持续发展[11]348~349。

构建中国特色的社会主义生态市场经济体制，既要反映中国国情、社会主义基本制度和社会主义经济本质，又要体现可持续发展经济体制的一般性。我国的基本国情是生态环境严峻、资源匮乏、社会环境问题严重，这迫使我们不得不加快进入生态市场经济社会。进入21世纪以来，我国陆续提出建设"资源节约型和环境友好型社会"、和谐社会，倡导生态文明，建设"美丽中国"，最近又提出实现"中国梦"。政府所提倡的这些问题，正是我国当前最严峻从而需要迫切解决的问题。因此，在深化经济体制改革过程中，必须朝着可持续发展经济体制迈进。可持续发展经济体制的本质特征就是生态与经济相结合，生态与经济一体化，生态凌驾于经济之上。从长远发展趋势来看，生态经济将成为21世纪的主流经济形态。这种新经济形态的运行过程能够保证：坚决反对以牺牲生态环境为代价去谋求发展；坚决反对以牺牲当前的发展去危害长远的发展；坚决反对用局部的发展去损害整体的发展；坚决反对用自身的发展去剥夺他人的发展。

构建具有中国特色的社会主义生态市场经济体制，不仅要把物质文明建设纳入到社会主义生态市场经济轨道，而且要把生态文明建设、精神文明建设纳入到社会主义生态市场经济轨道；不仅要把经济系统中的全部经济社会生产与再生产纳入社会主义生态市场经济轨道，而且要把生态系统中某些自然生态生产与再生产纳入社会主义生态市场经济轨道。十八大明确提出要把生态文明建设融入到经济建设、政治建设、文化建设、社会建设各方面和全过程。这样，要建构的社会主义生态市场经济体制,不是孤立地建立在经济系统的生产和再生产领域的经济体制;而必须是建立能够使"五大建设"协调发展的经济体制,强调"五大建设"均衡发展、可持续和以人为本的生态市场经济体制。

2. 建立能够实现生态效益、经济效益、社会效益有机统一和最佳结合的生态经济运行机制。在工业文明时代里,"人类的一切活动和发展行为几乎都是围绕着一个共同的,甚至可以说是唯一目标进行,这就是一味地追求物质财富的无限增长。这样,整个社会的生产和再生产过程,始终是以大量消耗自然资源和经济资源,达到尽可能地更多的自然资源转化为物质产品的目的"[12]54。人们把追求经济效益作为唯一目标,忽视生态上的要求,这种在生态上的巨大缺陷不仅不能实现经济增长或经济发展与可持续性的有机统一;而且造成了当今巨大的生态危机,更不能实现生态效益、经济效益、社会效益的有机统一和最佳结合。伴随着对工业文明的反思,人类要摆脱这场生态危机,呼唤一场文明形态的全面变革。这场变革就是生态文明的转型,以生态文明取代工业文明成为人类历史发展不可逆的必然选择。

十八大报告提出"努力走向社会主义生态文明新时代"的新概念,将生态文明提升到了人类社会发展的一个特定时代的高度。站在生态文明新时代这样一个高度,我们清楚地知道,生态文明新时代应该具有以下本质特征:(1)生态时代不仅是人与自然环境的协调发展,而且是人与社会环境的协调发展,这两种发展关系是相互依赖、相互制约、相互作用的有机统一。(2)生态时代的人与自然环境的协调关系是人与社会的社会关系,人与社会环境的协调关系是人与人的生产关系。(3)人与自然的协调关系是生态时代的自然属性,人与人的协调关系是生态时代的社会属性。这两种属性的有机统一,构成了生态时代的本质,这两种属性的协调发展,形成了生态时代的自然史和人类史,并推动生态文明从低级向高级不断发展。因此,生态时代的本质特征,就是把现代经济社会发展切实转移到良性的生态循环和经济循环的轨道上来,使人、社会与自然重新成为有机统一体,实现生态与经济的协调与可持续发展[13]267~271。

在社会主义生态文明的新时代里,要以"建设美丽中国,实现中华民族永续发展"为目标。坚持生态立国的基本国策,坚持生态优先发展的战略方针,是推进生态文明建设的基本政策和根本方针,是实现生态效益、经济效益、社会效益有机统一和最佳结合的生态经济制度。生态市场经济是经济效益、生态效益、社会效益相统一的经济,将市场调节和生态调节有机结合,有效地克服了传统市场经济发展中不顾社会成本、环境代价而一味追求经济效益的缺陷,使发展经济、保护环境、优化生态辩证统一起来并实现三者协调发展。因此,贯彻和落实生态文明建设的基本政策和根本方针,其实质就是经济社会活动全过程的生态化变革,其目的就是生态与经济一体化的整合过程。

（二）制定符合生态文明要求的考评制度

科学的生态文明考评制度是转变观念的指挥棒。加强社会主义生态文明的制度建设，必须建立科学的生态文明建设评价体系。十八大报告指出，"要把资源损耗、环境损害、生态效益纳入经济社会发展评价体系，建立体现社会主义生态文明要求的目标体系、考核办法、奖惩机制"。

首先，要改革干部考评制度。坚决摒弃以 GDP 论英雄的考核标准，代之以符合科学发展观要求的考核标准。工业文明的发展目标是单纯追求 GDP，用消灭生态价值来创造经济价值，在获得最大量经济效益的同时，毁灭了巨大的生态价值。唯 GDP 的思想观念，不仅支配着各级领导干部，而且支配着干部的考核与任用。考核制度是转变观念重要的指挥棒。十八大报告指出，"建设生态文明，是关系人民福祉、关乎民族未来的长远大计"。党中央关于生态文明建设的鲜明主张，不仅彰显了以人为本、执政为民的理念，而且也强化了均衡发展和可持续发展的执政理念。"五位一体"总布局的根本目的是更好地实现、发展和维护人民群众的利益。人民群众的利益不仅包括经济利益、政治利益、文化利益、社会权益，也包括生态利益。建立体现生态文明要求的考评制度，能更好地实现人民群众的利益。

其次，要增加生态文明建设在考核评价中的权重。切实提高生态指标在各级政府领导班子和领导干部实绩考核中的比重，提高考核结果使用的实效性。注重把生态文明建设考核结果作为干部任用、奖惩的重要依据，注重探索干部影响生态文明建设的问责机制。对因行政不作为或作为不当，完不成生态文明建设任务的单位和个人实行问责。对因决策失误造成重大生态环境事故、影响人民群众健康和威胁资源、环境、生态安全的，要按照规定追究相关地方、单位和人员的责任。对在生态文明建设中做出突出贡献的单位和个人给予表彰和奖励。针对生态文明建设的新形势、新局面，不断探索、创新生态文明制度，使制度建设向全面性、社会性及创新性方向发展。

最后，要把资源损耗、环境损害、生态效益纳入经济社会发展评价体系。科学的生态文明建设评价体系应该包括以下四个方面：生态经济方面（产业结构、主要污染物排放、资源消耗与资源节约）、生态环境方面（空气质量、环境质量、土壤质量、绿化和环境基础设施）、生态文化方面（环保意识、生态文明认知程度、生态素质提高、生态创建活动）、生态制度方面（绿色投资、科学执政、环境信息公开）。建立生态文明建设评价指标体系，要因地制宜，既要具有针对性又要具有公平性，从而将生态文明建设落实到实处。

（三）加快生态文明相关法律法规建设

健全的生态法律制度不仅是生态文明的标志，而且是生态保护的屏障。因此，在当前和今后一段时期，必须以十八大精神为指导，以生态文明建设新理念为指引，以科学发展观和可持续发展观作为生态立法的基础，运用生态学的观点将生活环境和生态环境作为一个有机整体来加以考虑，构建一个标本兼治的环境立法体系，借助法律手段推进生态文明建设。

坚决贯彻国家和地方生态环境保护的相关法律法规。根据不同地区的实际情况，在科学预见的基础上超前立法、加快立法。当前重点应抓以下几个方面：（1）建立和完善符合生态文明建设需求的法律体系。在各种经济立法中要突出生态文明的内涵，使经济发展与生态文明的协调发展在经济法律体系中得到充分的体现。（2）建立和加强生态市场经济的法制建设。根据市场经济体制下生态环境与经济社会协调发展的要求，根据时代法制要求和生态文明建设的需要，根据生态目标优先、生态效益优先的原则，完善现有生态环境保护法律体系。同时建立起完备的符合生态市场经济要求并且具有高度可操作性的司法体系。（3）加快制定部门法律法规和规章制度，修订和终止那些不适应社会主义生态文明建设要求的经济政策法规，创建有利于社会主义生态文明建设的经济政策法规。

参考文献

[1] 刘思华. 当代中国的绿色道路 [M]. 武汉：湖北人民出版社，1994.
[2] 中国科学院可持续发展战略研究组. 2013中国可持续发展战略报告 [M]. 北京：科学出版社，2013.
[3] 杨柳，杨帆. 略论中国建设生态文明的大战略 [J]. 探索，2010，(5).
[4] 杨文进. 和谐生态经济发展 [M]. 北京：中国财政经济出版社，2011.
[5] 林娅. 环境哲学概论 [M]. 北京：中国政法大学出版社，2000.
[6] 刘思华. 生态文明与绿色低碳经济发展总论 [M]. 北京：中国财政经济出版社，2011.
[7] 袁增伟，毕军，张炳，等. 传统产业生态化模式研究及应用 [J]. 中国人口·资源与环境，2004，(2).
[8] 谢高地，曹淑艳. 发展转型的生态经济化和经济生态化过程 [J]. 资源科学，2010，(4).
[9] 世界环境与发展委员会. 我们共同的未来 [M]. 王之佳，等，译. 长春：吉林人民出版社，1997.
[10] 沈满洪. 生态文明制度的构建和优化选择 [J]. 环境经济，2012，(12).
[11] 刘思华. 可持续发展经济学 [M]. 武汉：湖北人民出版社，1997.
[12] 刘思华. 绿色经济论——经济发展理论变革与中国经济再造 [M]. 北京：中国财政经济出版社，2001.
[13] 刘思华. 刘思华选集 [M]. 南宁：广西人民出版社，2000.

（原载《中国地质大学学报（社会科学版）》2013年第5期）

为美丽中国创设制度基石

保护生态环境必须依靠制度,这是十八大报告提出的要求,建设社会主义生态文明,要通过制度去规范人的各种可能影响环境的行为。

一、建立能够体现生态价值的资源有偿使用制度

要建立一种真实反映市场供求和资源稀缺程度、体现生态价值的资源有偿使用制度。

目前,我国资源性产品(石油、天然气、水、土地、电力、煤炭)价格大多数由政府控制,整体价格偏低,没有真实地反映市场的供求。不但难以对地方政府和企业起到节约使用资源的激励与约束作用,反而由此产生了大量的资源浪费和环境污染问题。因此,实施能够体现生态价值的资源有偿使用制度,重点应该包括:

建立真实反映资源稀缺程度、市场供求关系、环境损害成本的价格机制。虽然目前中国已经实行了矿产资源补偿制度、国有土地有偿使用制度、煤炭开放、油价与国际接轨制度,但管理体制和价格关系混乱,价格水平偏低,而且还有很多资源仍停留在无价和无偿开采阶段。要改变这种价格管理制度,必须根据各生态功能区的环境功能与环境资源承载力,将资源自身的价值、开采成本、环境代价等均纳入资源价格体系。通过完善资源价格体系结构,为资源有偿使用的实施提供制度保障。

加快自然资源产权制度改革,建立边界清晰、权能健全、流转顺畅的资源产权制度。

尽管中国的自然资源产权开始了适应性的变迁,但自然资源产权至今尚没有真正走出公共所有、政府管制的计划供应模式,存在的主要问题表现在:自然资源产权主体、使用权主体单一,自然资源所有权主体缺位以及公权主导形式下导致的委托代理和寻租,自然资源产权交易限制严格、产权流转制度严重欠缺、资源配置效率低。创新产权制度是克服中国自然资源浪费严重、实现资源有偿使用

的根本性制度。推进以资源节约为核心目标的自然资源制度创新,形成资源一体化管理体制,强化各级地方政府的资源管理权限。

强化自然资源的资产化管理制度。科学发展观的提出已经成为我国经济社会发展的重要指导方针,赋予了未来自然资源管理新的内涵。这就是在资源开发利用和分配过程中,要考虑长远利益和子孙后代的福利,要考虑资源管理与环境保护的耦合,正确处理资源管理与资源产业管理的关系。充分发挥财政的配置职能,做好资源有偿使用收入的管理工作。

二、建立能够增强生态产品生产能力的制度推进机制

十八大报告强调,要"增强生态产品生产能力"。"生态产品"是一个新概念,是生态文明建设的一个核心理念。过去我们定义产品,是从市场的角度,现在我们必须从生态的角度来定义产品。也就是在物质产品生产过程中不再破坏生态。

社会主义生态文明不仅是一种社会意识的制度安排,而且是一种生态创新和满足社会对生态产品需要的能力。增强生态产品生产能力的着力点在于要重视生态修复,让自然生态系统休养生息。由于生态系统总体上是公共所有或公共享有的,所以,生态产品一般具有公共产品的性质,从这个意义上来说,很多生态产品适合由政府来制造和提供。政府要为生态产品的私人提供者提供制度激励。因此,生态产品的供给不能依靠市场化运行机制,而需要一个制度层面的强力推进机制。比如绿色投资、生态补偿等。

增强生态产品的生产能力亟须绿色投资。进行绿色投资,保护资源环境是每个国家和地区政府的责任。政府可以直接利用财政资金投资于环境资源保护领域,也可以对投资项目通过合作方式投资入股进行绿色投资。企业绿色投资,是在利益的驱使下进行的。政府应该通过环境法律法规和相关的政策措施引导企业把资金投入到生态产品的生产上,力求让企业从源头上向人们提供信得过的生态产品。特别是通过财税、金融等政策鼓励、引导民营企业的绿色投资,推进清洁生产和资源循环利用的生态化生产方式的实施,提高生态产品的供给能力。政府可以通过补贴、给予一定年限的产权等方式来激励私人投资主体投资于绿色公共服务产业。

增强生态产品的生产能力亟须加快建立生态补偿机制。生态补偿机制是这样一种经济制度:通过制度创新实行生态保护外部性的内部化,让生态"受益者"付费;通过体制创新增强生态产品的生产能力;通过机制创新激励投资者从事生态投资。这一制度的实施,既离不开市场机制,又离不开政府的强制力和执行

力。因此，必须按照责、权、利相统一、共建共享、政府引导与市场调控相结合和因地制宜积极创新的原则，建立健全生态补偿长效机制，出台生态补偿办法，具体落实相关政策措施，实施生态补偿保证金制度，增加生态产品的供给。

三、建立科学的生态文明建设考评制度

科学的生态文明考评制度是转变观念的指挥棒。

改变唯GDP的观念。工业文明的发展目标是单纯追求GDP，用消灭生态价值来创造经济价值，在获得最大量经济效益的同时，毁灭了巨大的生态价值。唯GDP的思想观念，不仅支配着各级领导干部，而且支配着干部的考核与任用，必须加以改变。

增加生态文明建设在考核评价中的权重。切切实实提高生态指标在各级政府领导班子和领导干部实绩考核中的比重，提高考核结果使用的实效性。注重把生态文明建设考核结果作为干部任用、奖惩的重要依据，注重探索干部影响生态文明建设的问责机制。湖北省在《关于大力加强生态文明建设的意见》中提出了严格的生态文明评价制度，对因行政不作为或作为不当，完不成生态文明建设任务的单位和个人，实行问责。对因决策失误造成重大生态环境事故的，要按照有关规定追究相关地方、单位和人员的责任。对在生态文明建设中做出突出贡献的单位和个人给予表彰和奖励。

把资源损耗、环境损害、生态效益纳入经济社会发展评价体系。科学的生态文明建设评价体系应该包括以下四个方面：生态经济方面（产业结构、主要污染物排放、资源消耗与资源节约）、生态环境方面（空气质量、环境质量、土壤质量、绿化和环境基础设施）、生态文化方面（环保意识、生态文明认知程度、生态素质提高、生态创建活动）、生态制度方面（绿色投资、科学执政、环境信息公开）。建立生态文明建设评价指标体系，要因地制宜，要具有针对性。

（原载《湖北日报》2012年12月12日）

让生态文明之花绽放荆楚大地

——贯彻落实《关于加快推进生态文明
建设的意见》的思考

2015年5月5日，中共中央、国务院联合发布《关于加快推进生态文明建设的意见》（以下简称《意见》），这是中央就生态文明建设作出全面部署的第一个文件。《意见》明确了生态文明建设的总体要求、目标愿景、重点任务和制度体系，突出体现了战略性、综合性、系统性和可操作性，是对党的十八大和十八届三中、四中全会作出的建设生态文明重大战略的具体部署和落实。湖北作为祖国腹地的生态大省，生态建设地位重要、任重道远。

一、强化"绿水青山就是金山银山"理念

《意见》指出，"生态文明建设是中国特色社会主义事业的重要内容，关系人民福祉，关乎民族未来，事关'两个一百年'奋斗目标和中华民族伟大复兴中国梦的实现"。《意见》通篇贯穿了绿水青山就是金山银山的理念。比如，在指导思想上明确提出了"蓝天常在、青山常在、绿水常在"的要求。绿水青山既是自然财富，又是社会财富，绿水青山就是最好的金山银山。

习近平同志在视察湖北时特别强调，湖北是生态大省，要把生态文明建设放在突出地位，不断提高生态环境承载力，为人民创造良好的生产生活环境。总书记要求我们，要高度珍惜大自然赋予湖北人民的宝贵财富。湖北省委第十届四次全会提出"绿色决定生死、市场决定取舍、民生决定目的"的三维纲要，体现了贯彻中央精神的高度自觉和对经济社会发展规律的深刻把握，既是对过去实践经验的深刻总结，也是理论探索道路上的反思和升华。绿水青山就是金山银山，必将是未来新常态的一种常态。

在湖北大力营造绿色山川，需要抓住以下重点：一是加快实施"绿满荆楚行

动"，积极推进以封山育林为重点的山区绿化，以农田水网为重点的平原绿化，以绿色通道为重点的沿路、沿河、沿湖绿化美化，着力提高森林覆盖率。二是深入推进天然林保护、退耕还林、长江防护林及低产林改造、湿地恢复等重点生态工程建设，加大山体生态恢复与保护力度。以生态重点工程建设为着力点，加快构建以江、湖、山、库为重点的生态安全屏障。三是加强三峡库区、丹江口库区、神农架林区、大别山区等重点生态功能区保护与管理。加强矿产资源合理开采与综合利用。加强饮用水源地保护，确保城乡饮用水安全。

为此，湖北要作出合适的制度安排保障绿水青山常在。首先，应建立科学、高效的生态文明协调机制，协调生态文明建设中涉及众多的职能部门，包括水利、国土、环保、农业、林业等之间的关系，共同形成推进生态文明建设的强大合力，使绿色成果惠及全体民众。其次，规范和落实生态文明建设实施机制。充分发挥市场机制对资源配置的决定作用，大幅度减少政府对资源的直接配置，推动资源配置依据市场规则、市场价格、市场竞争，努力实现配置效率最优化和效益最大化。结合湖北省各地资源禀赋，强化并完善资源有偿使用和污染者付费政策，合理提高排污费征收标准。限制原材料、粗加工和高耗能、高耗材、高污染产品的生产和出口，建立重污染企业退出机制，真正让市场决定生态环境的保护。

二、确立"生态立省、红线管控"新制度

《意见》明确提出，"要树立底线思维，设定并严守资源消耗上限、环境质量底线、生态保护红线将各类开发活动限制在资源承载能力之内"。"红线"就是禁区，其管控制度相当于生态保护的"负面清单"，湖北省认真贯彻落实党的十八大、十八届三中、四中全会精神和习近平同志对湖北发展提出的要求，在生态省顶层设计方面做了大量扎实的工作。

第一，划定了"生态红线"。湖北牢固树立底线思维，诸多"底线"不断抬升，包括土地红线、生态红线、碳排放、污染排放、水环境保护红线、耕地质量等新红线的设定。根据《湖北生态省建设规划纲要（2014～2030年）（草案）》，全省划定了四条生态红线，分别是：全省林地面积不低于860.67万公顷；森林面积不低于745.18万公顷，森林蓄积量不低于3.6亿立方米；湿地面积保持144.5万公顷，维护国家淡水安全；林业自然保护区面积不低于149万公顷。划定了重要生态功能区、生态敏感区和脆弱区、禁止开发区。生态保护红线简单明了。

第二，制定了环保负面清单。列入负面清单的项目，不得建设，各经济部门

不得招商引资，环保部门不得审批其环评文件。对已经上马的重污染项目列入负面清单中的，环保部门将加强排查和淘汰。"红线区"内，将禁止开展与保护无关的一切建设活动，禁止工业生产、资源开发、城镇化建设等。并将依法关闭"红线区"内所有污染物排放企业，不再发放排污许可证；难以关闭的，须限期迁出。此外，鼓励、引导"红线区"内现有人口向周边县城及中心镇集聚。湖北省环保厅在制定环保负面清单时，保证"该放的一定放"，"该管的一定管"。全面清理非公经济投资准入限制，对负面清单外的经济活动领域，扫除行业壁垒，大力支持鼓励非公经济进入。

要尽快建立和完善有关制度保障机制。一是建立有效的管控平台。也就是建立一个"天地一体化"的管控平台，卫星在天上监测，地面上及时检查，及时发现哪些行为越了红线，造成了破坏。湖北省针对重要生态功能区、生态敏感区和脆弱区、禁止开发区的"生态保护红线区"内，将搭建地理信息管理平台，实施"一张图管理"，明晰红线区内土地权属，严禁擅自改变"红线区"内土地用途。二是切实明确责任。对于红线的管控，各级政府、地、市、县甚至到乡镇都要有相应的管理管控责任要求，逐项分解责任目标任务，推动每一项任务落实落地。三是严格责任，奖惩分明。湖北设定了重点生态功能区生态补偿机制，同时对没有保护到位的要追究责任。对违背科学发展要求、造成资源环境生态严重破坏的，实行终身追责。

三、推动生产方式绿色化，培育新的经济增长点

"绿色化"是《意见》的新亮点，其首次提出，是我国经济社会发展全方位绿色转型的最新概括和集中体现。"绿色化"不是简单的"绿化"，而是将绿色融入新型工业化、城镇化、信息化和农业现代化，大幅提高国民经济的绿色化程度。

《意见》在第三、四部分分别以"推动技术创新和结构调整，提高发展质量和效益"和"全面促进资源节约循环高效实用，推动利用方式根本转变"为主题，提出推动科技创新、调整优化产业结构、发展绿色产业、推进节能减排、发展循环经济、加强资源节约六大任务，这六大任务的关键就是要抓住推动生产方式绿色化。如何推动生产方式绿色化呢？实际上就是要改变我国绿色技术创新动力不足的现状，全方位整合现有绿色技术创新要素，建立面向人才、研发、产品、市场的绿色支撑体系，形成围绕绿色经济、绿色发展，集聚、释放创新潜能和活力的联动体系，让创新驱动在绿色转型中成为持久的推动力。

创新绿色发展是未来湖北发展模式的必然选择。习近平同志在视察湖北时为

湖北发展提出了新的定位：努力把湖北建设成为中部崛起的重要战略支点，争取在转变经济发展方式上走在全国前列。湖北经济发展方式转变要走在全国前列，关键是要绿色发展、低碳发展和循环发展走在全国前列。为了更好落实《意见》，在生态文明建设过程中，一是深刻把握湖北在自主创新、绿色发展中的政策、生态文化、自然资源等方面的比较优势，将湖北的生态优势转化为发展优势，做大做强绿色经济；二是坚持以科学发展观、以深化改革为动力、以科技创新为支撑、以绿色生态资源为基础、以转方式调结构促升级为着力点，走出一条符合湖北实际的绿色、低碳、可持续发展新路子。

绿色发展关乎湖北经济社会发展的正确取向，也是湖北加快发展的重大机遇。这既是一个长远追求，也是一个现实奋斗目标。大力发展绿色经济，是湖北推进生产方式绿色化的责任感、使命感和紧迫感的要求。基于此，湖北需要加快传统发展模式的"绿化"改造，构建绿色工业体系、绿色农业体系、绿色服务业体系，包括下述重点：第一，构建绿色工业体系。在工业领域全面推行"源头减量、过程控制、纵向延伸、横向耦合、末端再生"的绿色生产方式，从原料—生产过程—产品加废弃物的线性生产方式转变为原料—生产过程—产品加原料的循环生产方式。第二，构建绿色农业体系。大力推动农业生产资源利用节约化、生产过程清洁化、废物处理资源化和无害化、产业链条循环化，促进农业生产方式转变。大力发展生态农业，扩大无公害农产品、绿色食品和有机食品生产基地规模。第三，构建绿色服务业体系。大力提升服务业发展水平，大力发展金融、电子商务、文化、健康、养老等低消耗低污染的服务业。完善现代物流体系，发展低碳绿色运输和流通。

四、完善政绩考核和责任追究制度，为生态文明建设提供保障

《意见》明确指出，"各级党委、政府对本地区生态文明建设负总责，实行差别化的考核机制，要大幅增加资源、环境、生态等指标的考核权重，发挥好'指挥棒'的作用。对于造成资源环境生态严重破坏的领导干部，还要终身追责。"通过顶层设计的严格制度来保障生态文明建设目标的实现。

具体举措有三个方面：第一，改革干部考评制度，减少 GDP 权重。考核制度是重要的指挥棒。指挥棒对了，生态文明建设的整体推进就有了动力。党的十八大报告指出，"建设生态文明，是关系人们福祉、关乎民族未来的长远大计"。党中央关于生态文明建设的鲜明主张，不仅彰显了以人为本、执政为民的理念，而且也强化了均衡发展和可持续发展的执政理念。"五位一体"总布局的根本目的是为了更好地实现、发展和维护人民群众的利益。人民群众的利益不仅包括经

济利益、政治利益、文化利益、社会权益，也包括生态利益。建立体现生态文明要求的考评制度，能更好地实现人民群众的利益。第二，大幅增加资源、环境、生态等指标的权重。把资源损耗、环境损害、生态效益纳入经济社会发展评价体系。科学的生态文明建设评价体系应该包括以下四个方面：生态经济方面（产业结构、主要污染物排放、资源消耗与资源节约）、生态环境方面（空气质量、环境质量、土壤质量、绿化和环境基础设施）、生态文化方面（环保意识、生态文明认知程度、生态素质提高、生态创建活动）、生态制度方面（绿色投资、环境信息公开）。建立生态文明建设评价指标体系，要因地制宜，既要具有针对性又要具有公平性。唯其如此，才能落到实处。第三，建立和完善终身追究责任制度。通过采取有效措施，促进重大决策终身责任追究制度具体化。对造成资源环境生态严重破坏的领导干部，要终身追责。对因决策失误造成重大生态环境事故、影响人民群众健康和威胁资源、环境、生态安全的，要按照有关规定追究相关地方、单位和人员的责任。"终身追责"的信号倒逼责任人必须履行责任，科学决策、依法行政、依法执政。

（原载《政策》2015年第10期）

我国省域生态文明建设与经济建设融合发展水平评价研究

一、引言

党的十八大报告将生态文明建设纳入"五位一体"总体布局，提出将生态文明建设融入经济、政治、文化、社会建设的各方面和全过程，将生态文明建设提到前所未有的高度。这意味着生态文明建设既要体现生态效益与经济效益的有机统一和一致性，又要体现生态规律与经济规律的高度统一和一致性。换言之，人们在经济活动过程中，既要体现生态文明建设的理念、模式及方法，又要考虑到资源环境的承载力，积极发展生态经济。本文从经济发展、环境建设以及制度实施三个方面构建指标体系，运用熵权 TOPSIS 法对我国 30 个省份 2011~2015 年生态文明建设与经济建设融合发展水平进行评价，从而对生态文明建设进程进行分析和把握，找出其薄弱环节，加快推进生态文明建设。

二、文献综述

关于生态文明建设"融入"经济建设的相关研究，众多学者是从"融入"的内涵、任务以及路径等方面进行的。吴晓俊和程水栋[1]指出，必须充分认识生态文明建设的重要性、必要性、紧迫性，把生态文明建设融入经济社会发展全过程。李桂花和高大勇[2]从两个层面来理解"融入"含义，把生态文明建设融入经济建设，就是"既建设经济层面的生态文明，又建设经济层面不同阶段或环节的生态文明"，分别从空间维度和时间维度来分析如何"融入"的问题，认为"只有时间、空间这两个维度都'融入'好了，才是真正地把生态文明建设'融入'经济建设"。郭婷、张文政[3]在分析如何将生态文明建设和经济建设统一到可持续发展的高度基础上，提出了生态文明建设与经济建设充分融合的有效途径，即改革社会经济评价体系，引入绿色 GDP 考核体系；发展循环经济，建设资源节约型、环境友好型社会。周应军[4]提出生态文明建设融入城镇化全过程的战略任务是，以集约高效的理念构建城市生产空间；以宜居宜业的导向构建城市生活空间；以自然恢复的方式保护城市生态空间；以人水和谐的理念高效利用水资源；以文明消费的模式倡导绿色生活方式。环境保护部宣传教育司与中国行政管理学会联合课题组[5]从"五位一体"高度把握"生态建设与经济发展关系，为了将生态文明建设融入经济建设和各方面工作中，全方位建设美丽中国"，该课题组从战略、制度、产业、政策等层面提出"融入"措施。"战略层面，立足基本国情，搞好顶层设计；制度层面，根据生态文明建设规划要求，建立完善各项制度、体制；产业层面，大力推进产业升级，大力发展环保产业；政策层面，完善环保法。"

关于生态文明评价指标体系的研究，学者们在构建生态文明评价指标上大致可以分为两类，一类是围绕生态系统构建评价指标体系，陈佳等[6]从生态、环境、资源三个维度，分为生态保护、环境改善、资源节约、排放优化四个方面，构建生态文明发展评价指标体系，量化评估了各生态文明发展指数。成金华等[7]从资源节约集约和综合利用、节能减排、防治地质灾害、保护矿区自然生态系统以及促进经济、社会、资源和环境协调发展内容建立了矿区生态文明评价体系。张欢等[8]构建了包括生态系统压力、生态系统健康状态和生态环境管理水平的省域生态文明评价体系。另一类是从相对广义的生态文明建设范畴进行生态文明指标体系构建，宓泽锋等[9]从自然—经济—社会三个系统构建生态文明建设指标体系，并运用熵权 TOPSIS 法和协调度模型构建耦合协调模型进行省域生态文明建设的评价。项赟等[10]从生态经济、生态环境、生态人居、生态文化和生态制度五个方面构建了全国生态文明建设成效评估指标体系，同时对江苏和广东各市的生态文明建设成效进行了综合评价与验证。张茜等[11]从经济转型、社会和谐、环境友好、空间优化四方面构建生态文明评价指标体系，采用熵权法确定指标权重，并运用协调度模型从时间、空间双维度实证评价宁波 10 年来的生态文明水平及其演化。

综上所述，当前国内学者主要是从经济、社会、环境、资源等方面入手构建生态文明建设指标体系并对其进行评价，但从内容上看，学者们较少从生态文明建设与经济建设融合发展方面进行客观的评价，不利于各省域考察经济建设的现状；从指标构建上看，较少考虑到制度实施这一顶层设计，制度的实施作为生态文明建设融入经济建设的重要保障，科学合理的制度设计和制度创新保障生态文明建设。本文拟引入熵权 TOPSIS 法，从经济发展、环境建设以及制度实施三个方面构建指标体系，对我国 30 个省域生态文明建设与经济建设融合发展水平现状进行描述性分析，进而提出相关对策建议。

三、指标设计和体系构建

（一）设计原则

对我国省域生态文明建设与经济建设融合发展水平进行评价时应考虑到构建的指标体系能否体现评价对象的客观情况与内在特征，因而本文在构建指标体系时，遵循了如下三个原则：

（1）科学性与操作性。对我国生态文明建设与经济建设融合发展水平指标体系的构建应该考虑到客观事实，包括了数据自身的准确性、评价方法上的合理性；同时要考虑到指标体系的可操作性，尽可能的结合经济发展、环境建设以及制度实施三个方面进行数据的获取。

（2）全面性与典型性。构建的指标体系要能准确反映生态文明建设与经济建设融合发展水平的现状，全面的对其进行分析；同时构建的指标体系要有说服力，层次分明、逻辑严密，具有典型性。

（3）可比性与定量性。构建的指标体系在不同的样本中数据应当具有可比性，为我国各省域生态文明与经济建设融合发展提供参考；同时指标体系应当进行量化说明，尽量精炼。

（二）评价体系构建

发达国家上百年工业化过程中分阶段出现的环境问题在我国却是集中涌现，呈现出了结构型、复合型、压缩型的特点[12]，仅仅从生态建设着手，根本无法解决问题，因而生态文明建设与经济建设融合发展水平应当从多方位进行考察。依据党的十八大报告中提出"将生态文明融入经济、社会、文化、环境中，构建'五位一体'总布局"，为了更好地体现生态文明建设与经济建设融合发展的程度，本文最终从经济发展、环境建设以及制度实施三个方面进行指标体系的构建。在指标具体选取上，参考国内外省级尺度以上的指标体系来选取，选取的比例大致为3∶1，国内参考袁晓玲等[13]、宓泽锋等[9]、项赟等[10]的指标构建研究成果，并与国外《联合国可持续发展委员会的指标体系》《环境可持续性指标（ESI）》《可持续经济福利指数（ISEW）》《英国可持续发展指标体系》《德国可持续发展指标体系》等比较有说服力的指标体系进行结合，最终构建了三个层次的指标体系，一共有35个指标，具体情况如表1所示。

表1　　　我国省域生态文明与经济建设融合发展水平评价指标体系

一级	二级	三级	单位	功效性
经济发展	经济增长	人均GDP	元	+
		城镇化率	%	+
		城镇居民人均可支配收入	元	+
		农村居民人均可支配收入	元	+
		第三产业占GDP比重	%	+
	技术创新	R&D支出占GDP的比重	%	+
		国家财政性教育经费占GDP的比重	%	+
环境建设	资源能源消耗	万元国内生产总值能耗	吨标准煤	−
		万元国内生产总值电耗	千瓦时	−
		万元国内生产总值用水量	立方米	−
	环境污染	万元工业增加值废水排放	万吨	−
		化学需氧量排放量	万吨	−
		氨氮排放总量	万吨	−
		万元工业增加值废气排放总量	立方米	−
		二氧化硫排放量	万吨	−
		氮氧化物	万吨	−
		烟尘排放量	万吨	−
		万元工业增加值固体废弃物产生量	吨	−
		每公顷耕地化肥使用量	吨	−
		每公顷耕地农药使用量	千克	−
	环境治理	城市污水处理率	%	+
		生活垃圾无害化处理率	%	+
		工业固体废弃物综合利用率	%	+
		工业二氧化硫去除率	%	+
		工业烟（粉）尘排放达标排放率	%	+
制度实施	制度执行	环境污染治理投入占GDP	%	+
		环境污染治理投资总额	亿元	+
		治理工业废水投资	万元	+
		治理工业废气完成投资	万元	+
		治理固体废弃物完成的投资	万元	+

续表

一级	二级	三级	单位	功效性
制度实施	执行效果	省会空气质量达到及好于二级的天数	天	+
		水土流失治理面积	千公顷	+
		矿山恢复面积	公顷	+
		突发环境事件	次	-
		每万人公众环境参与度	万人	+

（1）经济发展。经济发展能加深生态文明融入经济建设的程度，是其发展的基础，经济发展应当融合生态文明的理念，这种理念不仅体现在经济发展数量上也体现在质量上，不仅体现在人均经济指标的变化上，也体现在经济结构的变化上。因而从经济增长（数量与质量上）以及技术创新两方面进行说明。

（2）环境建设。生态文明融入经济建设中最主要的目的便是提高资源环境承载力、减少资源能源的耗费、降低环境污染以及提高环境的治理能力。这部分指标分别从资源能源消耗、环境污染以及环境治理等方面进行说明。在资源能源消耗指标上分别从能耗、电耗以及水耗三个部分进行说明；在环境污染指标衡量中分别从废水、废气、固体废弃物以及土地污染进行说明；在环境治理上分别选取各种污染物的处理利用率进行衡量。

（3）制度实施。制度的实施是生态文明建设融入经济建设的保障，从制度的执行以及执行的效果两方面进行说明，客观上可以反映出政府在进行经济活动中融入的生态文明建设理念投入的资金以及执行制度的强度，制度的实施是生态文明融入经济建设的一个重要的方面。

构建的指标体系中所涉及的相关数据均来自相应年份的《中国统计年鉴》《中国环境统计年鉴》《中国环境年鉴》《中国城市统计年鉴》《中国能源统计年鉴》《中国科技统计年鉴》《中国教育统计年鉴》。同时考虑到指标的可获取性、对比性，本文将西藏以及港澳台地区剔除研究，并收集了 2011～2015 年 5 年跨度的样本数据，对于本文中的个别样本、个别年份、个别指标的缺失采用插补法进行预处理。

（三）评价方法选择

（1）熵权法。熵权法是一种客观的赋权方法，其基本思路是根据指标变异性的大小来确定权重。一般而言，若某个指标的信息熵越小表明指标变异程度越大，提供的信息量越多，权重相应的也会越大；反之，若某个指标信息熵越大表明变异程度越小，提供的信息量越少，权重相应的也会越小。熵权的计算公式如下所示[11]：

$$H(X_j) = -k \sum_{i=1}^{n} P_j \ln P_{ij} \qquad (1)$$

式中：$i = 1, 2, \cdots, n$；$j = 1, 2, \cdots, m$；k 为调节系数，$k = 1/\ln n$；P_j 为第 i 个评价对象第 j 个指标的标准化比值；若 $P_{ij} = 0$，则定义 $\lim_{p_{ij} \to 0} p_{ij} \ln p_{ij} = 0$。

（2）TOPSIS 法。TOPSIS 方法基本原理是基于归一化后的原始数据矩阵，找出经济增长指标的最劣方案和最优方案（分别用最优向量和最劣向量进行表示），再根据有限个评价对象与理想化目标的接近程度进行排序[14]。由于传统的 TOPSIS 方法各评价指标的权重相同，无法体现各个指标的相对重要性，在此基础上，将熵值法与 TOSIS 方法进行融合。

（3）熵权 TOPSIS 法。熵权 TOPSIS 法是综合熵权法与 TOPSIS 方法，首先对各指标体系建立矩阵并进行标准化处理；然后采用熵权法确定各个指标的权重；最后运用熵权欧氏距离，算出各个评价对象的最优距离、最劣距离以及贴近度，对评价对象进行排序。具体步骤如下：

①构建原始数据矩阵 $X = \{x_{ij}\}_{m \times n}$，其中 x_{ij} 表示第 i 项指标第 j 个评价对象的标准化比值，m 与 n 分别表示评价指标和评价对象的数量。

②将原始数据进行标准化，对于评价指标体系中正指标和逆指标采用公式（2）、（3）进行标准化：

正指标：

$$X'_{ij} = \frac{\max X_{ij} - X_{ij}}{\max X_{ij} - \min X_{ij}} \qquad (2)$$

负指标：

$$X'_{ij} = \frac{X_{ij} - \min X_{ij}}{\max X_{ij} - \min X_{ij}} \qquad (3)$$

其中：$\max X_{ij}$ 表示第 j 个评价对象中，i 项指标的最大值；$\min X_{ij}$ 表示第 j 个评价对象中，i 项指标的最小值。

③指标权重的确定，公式如下所示：

$$w_i = \frac{1 - H_i}{m - \sum_{i=1}^{m} H_i} \qquad (4)$$

式中：H_i 代表了信息熵，其计算过程如公式（1）所示。

④标准化数据的加权，计算公式如下所示：

$$Y_{ij} = w_i X'_{ij} \qquad (5)$$

式中：Y_{ij} 代表第 i 个指标第 j 个评价对象的加权后的标准化值；w_i 代表第 i 个指标的权重；X'_{ij} 代表第 i 个指标第 j 个评价对象的规范化处理后的值。

⑤确定最优解 sep_j^+ 和最劣解 sep_j^-：

$$sep_j^+ = \max(y_{1j},\ y_{2j},\ \cdots,\ y_{mj})$$
$$sep_j^- = \min(y_{1j},\ y_{2j},\ \cdots,\ y_{mj}) \quad (6)$$

⑥计算综合评价指数：

$$C_j = \frac{sep_j^-}{sep_j^+ + sep_j^-} \quad (7)$$

式中：$C_j \in [0,1]$，且某方案的 C_j 越大，该方案越好。

四、结果和实证分析

（一）生态文明建设与经济建设融合发展水平整体评价

本文计算的我国各省域生态文明建设与经济建设融合发展水平评价结果如表2所示。结果显示，从横向上看，均值排名前5位的省份分别是山东、内蒙古、江苏、辽宁、北京，其中中部省份有1个，其余均为东部省份；均值排名前10位的省份中，中部省份有1个，9个为东部省份；均值排名10~20位省份中，中部省份有3个，西部省份有6个，东部省份有1个；均值排名20~30位省份中，东部省份有2个、中部省份有2个，西部省份有6个。

表2　2011~2015年我国各省域生态文明建设与经济建设融合发展水平测度

区域	2011年	2012年	2013年	2014年	2015年	均值	排名
北京	0.34	0.39	0.40	0.44	0.40	0.40	5
天津	0.42	0.36	0.36	0.39	0.33	0.37	8
河北	0.30	0.49	0.26	0.27	0.42	0.35	11
山西	0.34	0.31	0.46	0.32	0.26	0.34	12
内蒙古	0.33	0.45	0.52	0.55	0.42	0.45	2
辽宁	0.51	0.44	0.36	0.30	0.37	0.40	4
吉林	0.25	0.27	0.24	0.24	0.18	0.24	30
黑龙江	0.25	0.26	0.25	0.24	0.21	0.24	28
上海	0.35	0.37	0.38	0.43	0.38	0.38	7
江苏	0.37	0.44	0.47	0.37	0.48	0.43	3
浙江	0.33	0.39	0.38	0.39	0.45	0.39	6

续表

区域	2011年	2012年	2013年	2014年	2015年	均值	排名
安徽	0.27	0.30	0.28	0.26	0.24	0.27	22
福建	0.31	0.38	0.37	0.34	0.35	0.35	10
江西	0.29	0.28	0.33	0.25	0.22	0.27	21
山东	0.52	0.58	0.41	0.41	0.48	0.48	1
河南	0.28	0.28	0.43	0.25	0.24	0.30	14
湖北	0.28	0.29	0.41	0.27	0.23	0.29	15
湖南	0.27	0.29	0.27	0.26	0.25	0.27	23
广东	0.33	0.42	0.33	0.35	0.36	0.36	9
广西	0.25	0.28	0.24	0.30	0.36	0.28	18
海南	0.25	0.27	0.23	0.23	0.22	0.24	29
重庆	0.31	0.30	0.27	0.28	0.23	0.28	19
四川	0.25	0.28	0.26	0.26	0.26	0.26	26
贵州	0.43	0.28	0.24	0.26	0.23	0.29	17
云南	0.28	0.31	0.31	0.43	0.26	0.32	13
陕西	0.29	0.34	0.27	0.26	0.22	0.28	20
甘肃	0.24	0.46	0.25	0.26	0.24	0.29	16
青海	0.27	0.25	0.22	0.24	0.25	0.25	27
宁夏	0.24	0.30	0.25	0.30	0.23	0.27	24
新疆	0.24	0.25	0.29	0.26	0.27	0.26	25
全国	0.31	0.34	0.32	0.31	0.30	0.32	—

从图1中分区域来看，生态文明建设与经济建设相融合发展整体情况是东部＞中部＞西部，这与大多数学者研究结果相符，同时东部的生态文明融入经济建设水平好于全国平均水平，中部与西部大致上低于全国平均水平，这可能与我国东部省份"低消耗、低污染、高效率"的集约型经济增长方式及其在空间地理上区位优势与技术、资金、政策支持优势有关[15]。其中在2013年，中部的生态文明建设与经济建设融合发展的程度比较好，将2013年分层次具体情况剥离来看，绘制了一个柱状图（图2）。从图2中可以推测出，2013年中部的生态文明情况比较好，应该是与中部的制度实施情况密切相关的，从而为生态文明建设融入经济建设中提供了强有力的保障。从纵向上说，随着时间的推移，生态文明建设融入经济建设水平是处于波动的水平，除开北京、河北、内蒙古、上海、江

苏、浙江、广东、广西、甘肃、新疆这些省份，2011~2015年的生态文明建设融入经济建设是一个上升的趋势，其余省份均是处于一个下行的趋势。从图1可以看出，东部在波动中有上升的趋势，而中部和西部是在波动中处于下降的趋势，其中以中部地区的波动性最大，全国平均水平来看在0.32上下浮动。

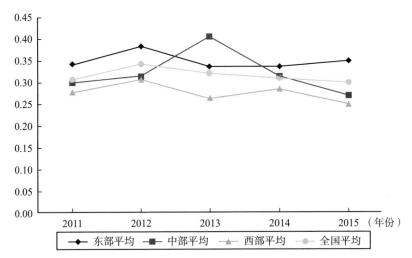

图1 2011~2015年我国东、中、西部生态文明建设与经济建设融合发展水平

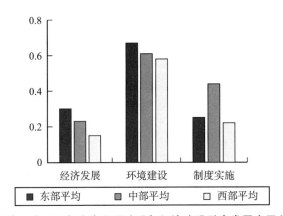

图2 2013年我国东、中、西部生态文明建设与经济建设融合发展水平分指标层测度水平

（二）我国省域生态文明建设与经济建设融合发展水平子系统的差异

（1）经济发展。本文测算我国各省域生态文明建设融入经济建设中经济发展水平测度见表3。可以看出，经济发展处于前10的地区有北京市、上海市、天津市、浙江省、江苏省、广东省、山东省、福建省、辽宁省以及湖北省，除湖北省

是中部省份外,其余均为东部省份;排名 10~20 位省份中,东部省份有 2 个,中部省份有 3 个,西部省份有 5 个;排名 20~30 位省份中,东部省份有 3 个,中部有 2 个,西部有 5 个。同时,我们将东、中、西部以及全国生态文明建设融入经济建设中经济发展水平用折线图表示。

表3　　我国生态文明与经济建设融合发展中经济发展水平测度

区域	2011 年	2012 年	2013 年	2014 年	2015 年	平均	排名
北京	0.63	0.79	0.53	0.77	0.73	0.69	1
天津	0.57	0.62	0.44	0.61	0.55	0.56	3
河北	0.18	0.20	0.14	0.15	0.17	0.17	28
辽宁	0.36	0.36	0.26	0.36	0.30	0.33	9
吉林	0.19	0.22	0.16	0.21	0.18	0.19	25
黑龙江	0.21	0.24	0.17	0.24	0.23	0.22	23
上海	0.64	0.63	0.51	0.74	0.69	0.65	2
江苏	0.49	0.53	0.37	0.47	0.45	0.46	5
浙江	0.50	0.57	0.38	0.49	0.49	0.48	4
安徽	0.28	0.24	0.18	0.23	0.24	0.23	18
福建	0.36	0.39	0.26	0.33	0.32	0.33	8
山东	0.41	0.41	0.29	0.34	0.35	0.36	7
广东	0.48	0.52	0.35	0.45	0.42	0.44	6
海南	0.28	0.26	0.20	0.30	0.30	0.27	13
东部平均	0.40	0.43	0.30	0.41	0.39	0.38	—
湖北	0.28	0.27	0.54	0.25	0.25	0.32	10
湖南	0.24	0.24	0.18	0.20	0.26	0.23	20
山西	0.23	0.23	0.17	0.25	0.27	0.23	19
内蒙古	0.24	0.29	0.22	0.33	0.26	0.27	12
江西	0.21	0.20	0.14	0.20	0.21	0.19	26
河南	0.20	0.19	0.13	0.17	0.18	0.17	27
中部平均	0.23	0.24	0.23	0.23	0.24	0.23	—
重庆	0.29	0.29	0.21	0.30	0.29	0.27	11
四川	0.16	0.16	0.11	0.16	0.18	0.15	29
贵州	0.32	0.23	0.18	0.28	0.26	0.25	15

续表

区域	2011年	2012年	2013年	2014年	2015年	平均	排名
云南	0.28	0.19	0.14	0.26	0.24	0.22	22
陕西	0.23	0.21	0.15	0.19	0.21	0.20	24
甘肃	0.27	0.18	0.14	0.28	0.30	0.24	16
青海	0.37	0.21	0.14	0.27	0.32	0.26	14
宁夏	0.28	0.24	0.17	0.23	0.25	0.23	17
新疆	0.26	0.18	0.14	0.26	0.28	0.22	21
广西	0.18	0.16	0.10	0.16	0.16	0.15	30
西部平均	0.26	0.21	0.15	0.24	0.25	0.22	—
全国平均	0.32	0.32	0.24	0.32	0.31	0.30	—

图3显示，东部经济发展水平最优，中部与西部不相上下，其中在2013年西部的经济发展水平最低，并且东部的经济发展水平高于全国平均水平，西部与中部的经济发展水平低于全国平均水平，整体而言，东部与西部经济发展水平波动较大，且处于下降的趋势，中部保持比较平稳的趋势。

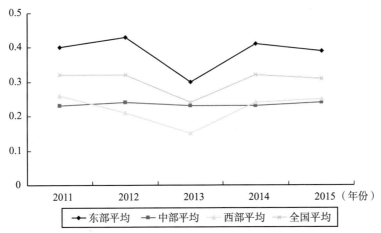

图3　2011～2015年我国东、中、西部生态文明建设与经济建设融合发展中的经济发展水平

（2）环境建设。本文测算我国生态文明融入经济建设中环境建设水平测度见表4。可以看出，我国区域进行环境建设水平较高，排名前10的省份分别是天津、北京、上海、重庆、浙江、安徽、福建、江苏、陕西、湖北，其中东部省份有7个，中部省份有一个，西部省份有2个；排名10～20位的省份中有3个东部省份、2个中部省份,5个西部省份;排名20~30位的省份中有3个东部省份、3个中部省份、4个西部省份。

表4　　　　我国生态文明融入经济建设中环境建设水平测度

区域	2011年	2012年	2013年	2014年	2015年	平均	排名
北京	0.78	0.82	0.84	0.87	0.84	0.83	2
天津	0.89	0.87	0.87	0.87	0.84	0.87	1
河北	0.54	0.50	0.46	0.47	0.45	0.48	30
辽宁	0.47	0.61	0.59	0.58	0.52	0.55	25
吉林	0.65	0.63	0.69	0.69	0.68	0.67	11
黑龙江	0.62	0.59	0.59	0.60	0.60	0.60	20
上海	0.77	0.80	0.81	0.81	0.81	0.80	3
江苏	0.76	0.70	0.67	0.66	0.58	0.67	8
浙江	0.83	0.76	0.73	0.72	0.71	0.75	5
安徽	0.76	0.72	0.72	0.70	0.67	0.71	6
福建	0.76	0.71	0.68	0.67	0.63	0.69	7
山东	0.71	0.66	0.63	0.61	0.46	0.62	17
广东	0.69	0.67	0.63	0.62	0.50	0.62	15
海南	0.58	0.57	0.48	0.42	0.66	0.54	27
东部平均	0.70	0.69	0.67	0.66	0.64	0.67	—
河南	0.67	0.63	0.58	0.59	0.48	0.59	22
湖北	0.69	0.67	0.67	0.69	0.62	0.67	10
湖南	0.71	0.67	0.64	0.65	0.58	0.65	12
山西	0.61	0.53	0.54	0.52	0.55	0.55	26
内蒙古	0.60	0.62	0.59	0.63	0.54	0.59	21
江西	0.65	0.65	0.63	0.64	0.65	0.64	13
中部平均	0.65	0.63	0.61	0.62	0.57	0.62	—
重庆	0.82	0.75	0.80	0.80	0.81	0.79	4
四川	0.63	0.65	0.61	0.65	0.58	0.62	14
贵州	0.62	0.63	0.53	0.52	0.71	0.60	19
云南	0.58	0.63	0.59	0.60	0.67	0.61	18
陕西	0.67	0.70	0.59	0.72	0.67	0.67	9

续表

区域	2011年	2012年	2013年	2014年	2015年	平均	排名
甘肃	0.54	0.52	0.58	0.57	0.66	0.57	24
青海	0.57	0.62	0.57	0.56	0.63	0.59	23
宁夏	0.51	0.49	0.48	0.48	0.64	0.52	29
新疆	0.58	0.57	0.49	0.50	0.55	0.54	28
广西	0.66	0.58	0.59	0.59	0.67	0.62	16
西部平均	0.62	0.61	0.58	0.60	0.66	0.61	—
全国平均	0.66	0.65	0.63	0.63	0.63	0.64	—

从图4中可以看出，环境建设水平相差不多，处于较高的水平上，大致上还呈现着东部＞中部＞西部的地域上的差异，其中东部地区经济发展较好的省份，同时环境建设也比较好，西部地区在环境系统承载压力较少，但由于经济上的不发达，可能在环境治理方面比较弱，中部一直是工业化程度比较高，二氧化碳、二氧化硫、烟粉尘污染物排放过大，故其环境建设水平处于中下水平。

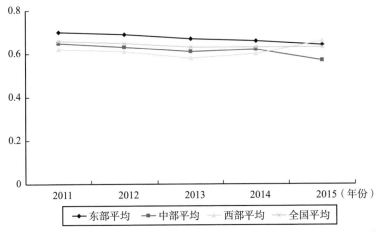

图4　2011～2015年我国东、中、西部生态文明建设融入经济建设中环境建设水平

（3）制度实施。本文测算我国生态文明与经济建设融合发展中制度实施水平测度见表5。可以看出，我国生态文明建设与经济建设融合发展中制度实施程度处于比较低的水平，排名前10的省份分别是内蒙古、山东、辽宁、江苏、河北、山西、云南、福建、浙江、河南，其中东部省份有6个、中部省份有3个、西部省份有1个；排名10～20位的省份中东部省份有1个、中部省份有2个、西部

省份有 7 个；排名 20~30 位的省份中东部省份有 7 个，中部省份有 1 个，西部省份有 2 个。

表5　　我国生态文明与经济建设融合发展中制度实施水平测度

区域	2011年	2012年	2013年	2014年	2015年	平均	排名
北京	0.11	0.14	0.16	0.18	0.15	0.15	26
天津	0.31	0.12	0.11	0.12	0.10	0.15	25
河北	0.27	0.57	0.28	0.28	0.48	0.37	5
辽宁	0.54	0.44	0.36	0.20	0.38	0.38	3
吉林	0.14	0.18	0.13	0.12	0.10	0.13	28
黑龙江	0.15	0.18	0.19	0.14	0.15	0.16	23
上海	0.11	0.15	0.10	0.16	0.11	0.13	30
江苏	0.26	0.37	0.51	0.25	0.49	0.38	4
浙江	0.17	0.26	0.30	0.28	0.42	0.29	9
安徽	0.14	0.22	0.22	0.16	0.20	0.19	21
福建	0.19	0.30	0.37	0.28	0.34	0.30	8
山东	0.52	0.61	0.44	0.41	0.53	0.50	2
广东	0.20	0.34	0.23	0.22	0.32	0.26	11
海南	0.14	0.20	0.13	0.12	0.09	0.14	27
东部平均	0.23	0.29	0.25	0.21	0.27	0.25	—
河南	0.20	0.20	0.56	0.21	0.24	0.28	10
湖北	0.18	0.19	0.19	0.18	0.18	0.18	22
湖南	0.17	0.20	0.21	0.17	0.22	0.19	20
山西	0.32	0.28	0.60	0.31	0.23	0.35	6
内蒙古	0.30	0.45	0.70	0.64	0.47	0.51	1
江西	0.21	0.22	0.34	0.18	0.18	0.23	16
中部平均	0.23	0.26	0.44	0.28	0.25	0.29	—
重庆	0.21	0.18	0.13	0.14	0.12	0.16	24
四川	0.17	0.19	0.22	0.22	0.20	0.20	19
贵州	0.43	0.20	0.18	0.17	0.15	0.23	15
云南	0.21	0.27	0.33	0.47	0.23	0.30	7
陕西	0.21	0.29	0.23	0.18	0.18	0.22	18
甘肃	0.14	0.51	0.21	0.18	0.16	0.24	13

续表

区域	2011 年	2012 年	2013 年	2014 年	2015 年	平均	排名
青海	0.13	0.13	0.12	0.12	0.13	0.13	29
宁夏	0.17	0.28	0.22	0.29	0.17	0.23	14
新疆	0.13	0.18	0.33	0.22	0.24	0.22	17
广西	0.16	0.23	0.19	0.31	0.39	0.26	12
西部平均	0.20	0.25	0.22	0.23	0.20	0.22	—
全国平均	0.22	0.27	0.28	0.23	0.24	0.25	—

从图 5 中也可以看出，中部省份的制度实施得较好，其次为东部最后为中部，整体趋势是呈现一个先上升后下降的趋势，其中东部整体是一个上升的趋势，中、西部整体为下降的趋势，其中 2013 年中部有一个较大幅度的涨幅，从表 5 中可以看到中部省份中河南、山西、内蒙古在这一年中制度实施有一个比较大的涨幅，可能与这一年政府加大环境投资力度，制度实施效果比较好有关。

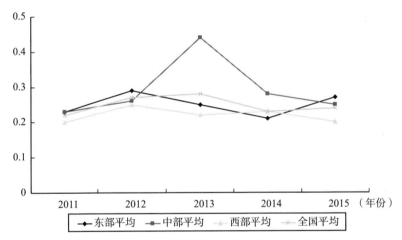

图 5　2011~2015 年我国东、中、西部生态文明建设融入经济建设中制度实施水平

五、结论与对策建议

（一）结论

本文从经济发展、环境建设以及制度实施三个方面构建了我国省域生态文明建设与经济建设融合发展水平的评价指标体系，并采用熵权 TOPSIS 法对 2011~

2015年我国30个省份5年间相融合水平进行测度，得到以下的结论。

（1）我国各省域生态文明建设与经济建设融合水平，存在着区域的差别，明显存在着东部优于中部、中部优于西部的局面。其中，东、西部的水平优于全国，这一结果基本上反映了我国生态文明建设与经济建设融合发展的状况；从各指标层来看，经济发展、环境建设中的区域差别与综合评价结果一致，但中部城市的环境建设低于全国平均水平。

（2）我国大部分省份生态文明与经济建设融合发展的水平是一个起伏下行的趋势，说明十八大召开以来，由开始的大力支持，热情高涨，到近几年的势头有所下降，遇到了一定的瓶颈，从东、中、西部可以看出，东部综合评价是一个先上升后下降，最终达到一个比较平缓的趋势，其中经济发展是一个先降后升，最后达到一个比较平缓的趋势，环境建设处于一个下行的趋势，制度实施是一个先降后升，整体是一个上升的趋势；中部综合评价先升后降，最终是下降趋势，其中经济发展是先降后升，最终稍有下降，环境建设处于下行的趋势，制度实施先升后降，最终稍有上升；西部综合评价处于一个下行的趋势，其中经济发展先降后升，最终稍有下降，环境建设处于一个上升的趋势，制度实施先升后降，最终达到平稳。

（3）从整体上来看，我国生态文明建设与经济建设融合发展过程中，环境建设水平最优，其次为经济发展水平，最后是制度上的实施。制度实施虽然作为生态文明与经济建设融合发展的重要保障，但不论从东、中、西来看，还是从全国平均水平进行比较其实施水平却是其余两个指标体系中最低的，拉低了我国各省域中生态文明建设融合经济建设的进程。

（二）对策建议

（1）将中部地区作为生态文明与经济建设融合发展的重要着力点。我国的中部地区依靠全国10.7%的土地，承载了全国28.1%的人口，创造全国20.3%的GDP，是我国的中坚力量，为我国的经济建设源源不断地提供原材料[13]。中部地区在经济建设的同时，也要注意生态方面的影响，其着重点应当在升级产业结构、优化能源结构、发展绿色产业等方面。

（2）制定差异化的生态文明与经济建设融合发展的措施。从本文研究结果可以看出，区位是导致生态文明与经济建设融合发展水平不同的主要因素，要提高生态文明与经济建设融合发展的水平，就要针对不同地区提出不同的管理方法。中部、东部地区要注意提高资源利用、制度融合，西部地区要转变生产方式；同时也要制定差异化的政策措施，例如东部省份中安徽、海南、黑龙江、吉林均处于比较弱势地位，政府在制定政策时要考虑这些地方的不同。

（3）建立完善的生态文明制度体系。从上文分析中可以看出，制度体系在生态文明与经济建设融合发展中是处于一个比较薄弱的环节。政府作为生态文明与经济建设融合发展的主体，应当责无旁贷，树立起生态与经济要协调发展的理念，加强生态文明建设与经济建设的融合发展顶层设计。建立完善的生态文明制度体系，就要求制定最严格的生态红线制度、耕地保护制度、水资源管理制度，除此之外还需要一定的激励机制，如市场价格激励机制、一定的政策激励机制。生态文明能更好的融入经济建设中，不仅是政府的努力，还需要企业和公众一起的努力。

参考文献

[1] 吴晓俊，程水栋．把生态文明建设融入经济社会发展全过程［N］．经济日报，2012-12-14（14）．

[2] 李桂花，高大勇．把生态文明建设融入经济建设之两重内涵［J］．求实，2014（4）：50-52．

[3] 郭婷，张文政．将生态文明建设融入"五位一体"格局的路径思考［J］．内蒙古农业大学学报（社会科学版），2014（2）：4-8．

[4] 周应军．把生态文明建设融入城镇化全过程［N］．甘肃日报，2013-01-11（05）．

[5] 环境保护部宣传教育司与中国行政管理学会联合课题组．从"五位一体"高度把握生态建设与经济发展关系［J］．环境与可持续发展，2013（3）：5-8．

[6] 陈佳，吴明红，严耕．中国生态文明建设发展评价研究［J］．中国行政管理，2016（11）：81-87．

[7] 成金华，陈军，易杏花．矿区生态文明评价指标体系研究［J］．中国人口·资源与环境，2013（2）：1-10．

[8] 张欢，成金华，陈军．中国省域生态文明建设差异分析［J］．中国人口·资源与环境，2014（6）：22-29．

[9] 宓泽锋，曾刚，尚勇敏．中国省域生态文明建设评价方法及空间格局演变［J］．经济地理，2016（4）：15-21．

[10] 项赟，刘晓文，张剑鸣．我国生态文明建设成效评估指标体系的研究［J］．生态经济，2015（8）：14-19．

[11] 张茜，王益澄，马仁锋．基于熵权法与协调度模型的宁波市生态文明评价［J］．宁波大学学报（理工版），2014（3）：113-118．

[12] 周生贤．积极建设生态文明［J］．求是，2009（22）：30-32．

[13] 袁晓玲，景行军，李政大．中国生态文明及其区域差异研究——基于强可持续视角［J］．审计与经济研究，2016（1）：92-101．

[14] 周永广，温俊杰，陈鼎文．基于信息熵权 TOPSIS 法的步行商业街业态竞争力及布局研究——以杭州市两条步行商业街为实证案例［J］．浙江大学学报（理学版），2012（6）：724-732．

[15] 成金华，李悦，陈军．中国生态文明发展水平的空间差异与趋同性［J］．中国人口·资源与环境，2015（5）：1-9．

（与王如琦合作完成，原载《生态经济》2017 年第 9 期）

略论生态文明的绿色城镇化

一、城镇化过程中的生态环境问题

按照工业文明的工业化理论，城镇化是一个过程，即农村人口不断向城镇转移，第二、三产业不断向城镇聚集，从而使城镇数量增加、城镇规模扩大的历史过程。在推进城镇化过程中，由于人口和非农产业在城镇的迅速高密度集中，加之城市建设中没有处理好资源、能源、生态环境与经济社会之间的协调发展问题，导致环境污染、生态破坏、人居环境恶化等问题。

（一）农村人口向城镇集中，打破了生态环境系统原有的平衡

在城市复合生态系统中，生态系统是城市的基础，经济发展离不开生态系统，生态系统又是经济系统的基础。城市可持续发展必须重视自然子系统、经济子系统、社会子系统内部及它们之间的相互协调关系。从生态学和系统科学的角度来说，生产要素和经济活动在地域上聚集的结果，会割裂生态系统内部的一些既存的联系。

人口的迅速集聚引起自然生态系统物质循环的改变。比如，人口在城镇的集中会使原来回归于农田的排泄物和有机垃圾进入其他系统，农业生态系统的能量输入与输出关系会因此而发生改变；而城镇的工业生产和居民生活排出的大量废弃物，又是常常超出城市区域生态系统的自然净化能力；同时城镇的路面铺装和密集建筑物等构成的人工物理环境，也破坏和降低了城市自然生态系统的调节净化能力。乡镇企业在城镇的集中，工业生产和居民生活排出的大量固体废弃物、废水、废液，严重地污染和破坏了广大地区的农田、水域、草原和森林。这些生态环境问题，加剧了人口、资源、环境与经济发展之间的矛盾，加剧了生态系统的失衡。

农村工业生产活动严重损害自然生态系统的结构和功能。在推进城镇化的过程中，传统的经济增长方式使企业只顾追求眼前的经济利益，任意排放废气、废

水、废渣，由于生态基础设施投入过低，建设不足，大量生活污水未经处理直接进入水体进行污染。历史上我国出现了两次环境污染严重时期，其中一次是20世纪80年代中期，其主要原因就是乡镇企业快速发展的同时，乡镇工业污染物的排放也呈快速增长。一方面经济增长对生态系统的需求不断增加，另一方面，负荷过重和遭到污染的生态系统的供给能力相对缩小，生态系统自我调节和自我恢复的能力减弱，严重损害了系统的结构和功能，使系统生产力下降。

（二）乡镇工业企业占用和毁坏了大量土地资源，导致自然灾害、流行疾病频发

随着城镇化的推进和发展，大量农村人口向城市转移，使二、三产业和就业人口不断在城镇集聚，城镇建筑用地不断扩大。在城镇化过程中，一些地方政府为了追求政绩大搞"面子工程"，盲目扩大城市规模，不断征用农业用地和农民宅基地进行城市建设和房地产开发。还有一些地方政府大搞"形象工程"，脱离实际需要和能力修建大广场、大草坪、大花园、地标性建筑和高档办公楼等，使城镇建设与当地的经济发展水平和发展阶段脱节，致使土地和各种土地资源被大量浪费。除直接占用耕地以外，农村工业还污染和破坏了大量农田。在城镇化过程中，由于缺乏科学规划，拆建过程不环保，从而产生了许多污染环境的建筑垃圾，对环境造成了难以估计的影响。不合理的矿产资源开发利用已对矿山及其周围环境造成严重的破坏并诱发多种地质灾害，由此减弱了土地对城乡环境的调节、净化、循环、缓冲等生态系统服务功能，降低了维持农民的基本生计功能服务。

当前，我国城镇化正处于加速发展时期，城镇规模不断扩大，必然对城镇的基础设施和公共设施如道路、桥梁、电站、水库等水利设施进行大规模的投入和兴建；在一些地区，特别是山区和丘陵地区，使得地理环境、地质条件发生重大变化，例如长江上游金沙江段密集的水电开发，致使长江生态系统崩溃，地震、沙尘暴、泥石流、地面下沉、洪涝干旱等自然灾害频发，严重威胁着城市的安全。农村人口大量向城镇集聚也为流行疾病的爆发和蔓延提供了条件。如近些年"非典"、猪流感、禽流感等流行性疾病的传播对城市建设和人们的生命健康造成了难以弥补的损失和危害。

二、走生态文明的绿色城镇化道路

很显然，我国持续了30年的快速城镇化，也带来对资源需求的快速增长，对生态环境压力的加剧。一些城镇盲目追求高、快、宽、大、亮等形象工程，沿袭先污染后治理、先规模后效益、先建设后规划和摊大饼式扩张的发展途径,生态服务功能和生态文明建设被严重忽略。长期以来,我国城镇化走的是一条低成本的依赖土地的道路,环境承载力严重超负荷的不可持续道路。因此,推进中国的城镇化,必须统筹考虑城市建设与人口、资源、环境之间的关系,处理好城市建设中眼前和长远、局部和整体、效率与公平、分割与整合的生态关系,走出一条绿色的、可持续的城镇化新路。

党的十八大报告提出走中国特色城镇化道路。李克强在中国环境与发展合作委员会2012年年会开幕式上的讲话指出,"我们要实现的新型工业化、城镇化,必然是生态文明的工业化、城镇化"。紧接着,2012年12月15~16日召开的中央经济工作会议提出"积极稳妥推进城镇化,着力提高城镇化质量",同时会议还提出"城镇化是我国现代化建设的历史任务,也是扩大内需的最大潜力所在,要围绕提高城镇化质量,因势利导,趋利避害,积极引导城镇化健康发展"。因此,我们认为,新型城镇化必须具有以下特征:

(一)按照生态文明的要求来进行城镇规划和布局

2010年12月21日国务院发布了《全国主体功能区规划》,根据不同区域的资源环境承载能力、现有开发强度和发展潜力,对我国国土进行了全面的空间安排和功能设计。这一规划将国土划分为优化开发区域、重点开发区域、限制开发区域和禁止开发区域,对未来国土开发空间做出总体部署。规定我国的城镇化过程只能在优化开发区和重点开发区开展,具体来说按照"两横三纵"的格局来展开,"两横"指的是陆桥和长江两条横轴通道,"三纵"指的是沿海、京哈京广和包昆三条纵轴通道。以这五条线上的主要城市群地区为支撑,以其他城镇化地区和城镇为重要组成部分,形成我国未来城镇化的空间格局。在国土空间整体层面上,我国国土就具有城市空间、农业空间、生态空间和其他空间四类。城镇化开发严格控制在资源环境承载能力和环境容量允许的范围内。在局部上,不同区域、省份、城市群和城镇也应该按照生态文明要求进行空间安排。

(二)以人为本

十八大提出新型城镇化的核心是人的城镇化,是农业人口转移成城市市民,城市的基本公共服务覆盖城市的全体人口。也就是说城镇化的过程要实现产业结构、就业方式、人居环境、社会保障等由"乡"到"城"的转变,使市民、农民富裕起来。李克强总理于2013年7月9日在广西主持召开部分省区经济形势座谈会并作重要讲话,提出要"推进以人为核心的新型城镇化"。绿色城镇化最本质、最核心、最关键是人的城镇化。要把人民群众的身心健康和生命安全放在第一位。因此,必须逐步改变传统增长导向型城镇化,以民生改善为根本目的,不单纯追求城镇化速度，更关注城镇化进程中提高人的素质和生活质量。彻底扭转重物不重人的现象和做法，政府通过构建公平的社会秩序和发展环境，给所有人提供公平的公共服务和发展机会，让居民最大限度、低成本地参与到经济发展过程中，让城镇化与人民生活改善紧密相连，让广大居民全面分享城镇化的成果。彻底改变城镇化理念。从以城市为本转向以人为本、以民为本，要不断提高城市居民生活水平，实现新市民、老市民在公共管理、社会服务等方面的平等待遇。

（三）以生态为本

新型城镇化必须以生态为本，做到生态优先。生态经济优先规律是人类处理和自然关系的最高法则。新型城镇化过程必须遵循生态优先规律，必须遵循生态系统的平衡和自然资源的再生循环规律，必须坚持在保护生态环境承受能力可以支撑的前提下，解决经济发展与生态环境的协调发展。生态优先的实质和根本诉求，是坚决反对以传统发展模式的经济建设为中心，强烈主张以生态优先为原则的绿色经济建设为中心。生态优先不是不要发展，而是强烈主张以人为本、全面协调、又好又快并且可持续的科学发展。

因此，新型城镇化必须具有资源循环利用系统，充分利用被世人当作废物的各种物质资源；城市的规划、设计都必须遵循生态学原理，生态与经济必须相结合，生态必须凌驾于经济之上；必须有便捷的公共交通，有很好的自行车和人行道，以鼓励人们绿色出行；新城镇的企业必须是经济人、社会人和生态人的有机统一整体，这样才能保证新城镇可持续、可协调发展。以上可以看出，新型城镇化的本质特征是绿色城镇化，绿色城镇化既要实现城镇的绿色发展，又要实现农村地区的绿色发展。这是生态文明的城镇化的真谛。

三、推进生态文明绿色城镇化进程中的困境

（一）生态资产缺乏统一管理

虽然中国的经济资产在增加，其背后隐藏的代价是生态资产在日益减少。从横向考察，资源环境统一管理难以实施，综合协调能力不足；从纵向考察，上级环境保护行政主管部门对下级环境保护行政主管部门缺乏有效的监督管理。因此必须建立符合生态文明建设的生产方式与协同机制，实现"在保护中开发，在开发中保护"的人与自然的和谐关系。

（二）生态基础设施投入不足

生态基础设施是城市所依赖的自然系统，是城市及其居民能持续地获得自然服务的基础保障，是城市扩张和土地开发利用不可触犯的刚性限制。生态基础设施建设的一个核心理念是通过维护整体自然系统的结构和功能的完整、健康，使城市获得良好的、全面的生态服务。

虽然近年来我国不断加大对环境保护和生态建设的投入，但是环境保护支出远远不足以解决我国的生态环境问题。由于投资渠道单一、投资成本偏高，造成投入到生态基础设施的资金严重不足。城市的净化、绿色、美化缺乏完整的生态基础设施的支撑，致使城市河流湖泊、自然植被、山行水系、风水、生态廊道等生态要素不能有机整合，因此，疲软和缺失的城市生态基础设施不能很好地为城市的生产、生活提供必要的生态系统服务。

（三）生态补偿机制匮缺

一个区域生态环境的保护、修复与重建等需要大量资金投入；同时，一个区域为了保护生态环境，可能会丧失许多发展机会、付出机会成本。而生态环境又是一种公共品，一个区域生态环境的积极变化会给相邻区域带来生态利益。在这种情况下，必须建立有效的生态补偿机制，合理体现生态环境这一公共品的价值，统筹区域协调发展。

（四）绿色城镇化进程中公众的生态文明意识亟待提高

在推进绿色城镇化的进程中，需要全体公众具备较高的生态文明大局意识和可持续发展观念。然而，在农村人口不断向城镇转移的进程中，公众的生态文明意识整体水平不高，严重阻碍了绿色城镇化的进程。甚至在绿色城镇化的进程中公众的个人利益有时会与生态文明整体建设利益发生矛盾。为了公众个人利益，破坏环境，浪费资源的案例比比皆是。因此，公众必要时要牺牲自己个人的利益，服从整体生态文明建设大局。只有公众整体的生态文明意识提高了，绿色城镇化才有实现的可能。

四、协调生态文明与城镇化的对策选择

（一）强化政府对城镇化进程中生态资产和环境的管理

中国的环境保护一直强调并习惯于发挥政府的主导作用。自可持续发展观念

提出以来，世界许多国家资源环境管理的权力越来越向一个政府部门集中，越来越向中央政府集中。解决中国目前的资源环境管理问题，必须强化国家环境保护行政主管部门的职能，加强同级资源环境保护部门的横向联系，完善上级资源环境主管部门对下级主管部门的指导和监督职能。

（二）用建设生态文明的要求推进新型城镇化

在快速高质量地推进我国城镇化进程中，能否从优化产业结构、能源结构、消费模式等多角度将生态文明理念植入城镇化发展的思维，是实现工业化、信息化、城镇化、农业现代化同步协调发展目标和缓解环境恶化应对气候变化的关键所在。

积极稳妥推进城乡一体化。城镇化仍是我国经济增长动力之所在，不仅可以扩大内需，也是让广大农民平等参与现代化进程、共同分享现代化成果的最根本有效的途径。我国迫切需要统筹城乡一体化发展，科学制定城市发展规划，并把生态规划置于城市规划之前，确定基本的生态红线不能碰，基于生态文明的主导理念来设计指导详细的城市规划，同时，还应该基于各地的生态环境状况来考虑人口规模与经济发展规模等问题，使城市的新城区建设和老城区改造都能按照生态标准进行；改革征地制度，提高现有的存量土地使用效率，提高农民在土地增值收益中的分配比例；改革户籍制度，促进农村劳动力转移就业，改善农民工就业、居住、就医、子女上学等基本生活条件，并逐步纳入城镇社会保障体系和住房保障体系；加大生态基础设施和宜居生态工程建设，建设生态交通，实现对生态占用的补偿，形成节约资源和保护环境的基础设施；促进城乡要素平等交换和公共资源均衡配置，形成以工促农、以城带乡、工农互惠、城乡一体的新型工农、城乡关系协调发展格局。

构建科学的城镇空间格局。根据党的十八大报告对美丽中国的要求，建设新型城镇化的空间格局可概括为"集约高效的生产空间""宜居适度的生活空间"和"山清水秀的生态空间"。构建三个空间格局的前提是土地，土地是支撑城市社会经济发展和基础设施建设的空间需求，也是我国城市发展最大的瓶颈。因此，我们必须按照人口、资源、环境与经济协调统一的原则，调整空间结构。生产空间要集约高效，就要着力推进绿色发展、循环发展、低碳发展；着力优化空间格局和产业格局，大力推进工业化和城镇化良性互动。生活空间要宜居适度，就要大力推进绿色建筑，增强城市规划的前瞻性、约束性和生态性；大力推进绿色交通，着力解决交通拥堵、空气灰霾、垃圾围城等"城市病"；大力推进生态农业，积极推广生态技术，建立绿色食品基地，让市民吃得放心；大力推进绿色照明，为市民构建一个高效、节能、明亮、舒适的生活环境。生态空间要山清水秀，就必须按照生态学的原理来规划设计城市，科学地调整城市结构，高效集约利用国土，减少对自然生态空间的占用；加强土地资源空间管制，自然留下更多的修复空间；增强生态产品生产能力，满足人们日益增长的生态需求。

（三）新型城镇化必须和生态文明制度建设同步共进

中国要走新型城镇化道路，需要生态文明制度作保证。因此，在我国新型城镇化过程中，我们要进行政府作用和市场运用两个方面的制度建设。

建立严格的资源开发保护制度。实施最严格的耕地保护制度，严守18亿亩的耕地红线，所有项目的开发都要以不侵占18亿亩的耕地红线为前提，同时在城镇化过程中要加强资源环境的监督管理，健全责任追究（甚至是终身追究）制度和损害赔偿制度；实施严格的环境保护制度，在城镇工业化过程中，必须严格控制废弃物排放的总量，并且实施逐年递减的总量控制制度。

建立资源有偿使用制度和生态补偿制度。建立一种反映市场供求和资源稀缺程度、体现生态价值的资源有偿使用制度。通过完善资源价格体系结构，将资源自身的价值、开采成本、环境代价等均纳入资源价格体系，为资源有偿使用的实施提供制度保障；加快自然资源产权制度改革，建立边界清晰、权能健全、流转顺畅的资源产权制度；强化自然资源的资产化管理制度。进一步完善生态补偿制度。以国家重要生态功能区位重点，完善生态转移支付，提高生态转移支付的资金使用效益和生态效益；以保护生态功能为目标，将生态补偿金直接支付给与这些生态系统相关的农牧民；合理提高生态补偿标准，提高农牧民的生态保护积极性。

（与汪成合作完成，原载《中国人口·资源与环境》2013年专刊）

◆中 篇◆
发展绿色经济与绿色经济发展研究

新时代生态经济学的一个重大理论问题

——生态经济融合发展论

20世纪70年代末期到80年代前期，我国自然科学和社会科学一些学科分别从各自学科的角度来研究社会经济必须同生态环境协调问题，并从生态经济学的基础理论上进行概括，揭示生态与经济协调发展的客观规律。随着社会发展和认识的加深，生态经济协调发展理论与实践不断向纵深方向推进，其特点是逐渐向可持续发展领域渗透和融合，提出了"生态经济协调发展论"这一生态经济学的新原理。新时代赋予生态经济学的新任务，就是揭示生态与经济融合发展的客观规律，是客观事物发展的一条重要规律。本文通过分析论证生态经济系统中的生态系统与经济系统有机整体性和融合性特征，进而从生态经济系统的有机整体上全方位地深入研究生态与经济的融合发展。"生态经济融合发展"是不以人的意志为转移的客观规律，是新时代生态经济学研究的重大理论问题。

一、生态经济协调发展是生态系统和经济系统的和谐协调发展

生态经济协调发展和经济社会可持续发展都是生态经济学中的重要理论范畴。生态经济学的核心理论是生态与经济协调发展。"协调"，是可持续发展的内在要求，必须正确处理经济社会发展中的各种重大关系，不断增强发展的有机整体性。"协调发展"，是指以实现人的全面发展为系统演进的根本目标，在遵循自然发展规律、社会发展规律、经济发展规律和人的发展规律基础上，通过总系统与子系统的协调、子系统与子系统的协调、子系统内部各组成要素间的协调，使系统及其内部构成要素之间的关系不断朝着由经济效益、社会效益和生态效益所构成的社会整体效益最大化方向演进的过程。

生态系统和经济系统协调发展的过程就是逐步消除两者之间不协调的过程。生态系统的进化、退化或处于相对有序稳定状态，最终要落脚到经济系统发生相应的变化；经济系统的发展、衰退或处于相对有序的稳定状态，也要直接和间接

地影响生态系统,使它发生这样或那样的变化,这些变化发展过程总是从稳定到不稳定、平衡到不平衡,再到新的稳定和平衡,在这种不断循环往复的运动过程中实现生态经济的协调发展。经济社会与自然生态的不协调,是由于人口的迅速增加和经济不断发展引起的。社会经济发展对生态系统需求是无限的,生态系统满足需求的生产力和资源更新能力是有限的,一旦经济发展对生态需求超过了生态系统的供给能力,生态系统的平衡状态就会被打破,生态系统和经济系统的矛盾冲突就会凸显出来,要从根本上解决当代社会的生态经济系统的基本矛盾,一方面要铲除造成违背客观规律的经济、社会根源,另一方面要求人们必须遵守生态经济协调发展规律。生态经济协调发展规律,是客观的、不以人的意志为转移的规律,是由生态系统和经济系统构成的一对矛盾统一体,如果这两个系统彼此适应,那么,就能达到生态经济平衡的结果,反之,就会出现生态经济失衡的状态。也就是说,人类开发利用生态系统的经济活动必须适度,以保证最大限度满足对生态系统的需求和维持生态系统的稳定,即实现生态与经济的协调发展。[1]395社会经济发展实践中大量的事实已经充分证明,只要人类经济活动超越了生态系统允许的限度,生态与经济就不能协调发展;只要我们不破坏自然界各生态因素之间的客观比例和自然生态相互适应,那么社会经济发展和自然生态环境就能维持协调统一。因此,只有遵守自然规律和经济规律以及两者之间协调发展的内在规律,才能不断消除生态与经济之间的不协调。

生态系统和经济系统协调发展要求必须遵循共同性和协调性的原则。共同性原则要求我们人类重新认识地球的整体性和相互依存性,协调性原则意旨生态经济系统内在关系处于总体协调状态,包括物质循环、能量转换、信息反馈等关系的协调,体现在生态经济系统内的结构平衡、功能齐全、运动过程顺畅。这就要求人类经济发展必须按照生态经济原则来增强经济可持续发展能力,既要符合经济规律又要适应生态规律的客观要求,只有这样,才能实现生态经济的目标——可持续发展。为了实现可持续发展,就一定得遵循生态学的基本原理,遵循以生态法则为导向的经济运行机制,从根本上迅速改变我们现行的做法,亦即对生产方式进行革命性的变革,把世界引导到一条能维系环境的久续不衰的发展道路上。在新时代生态经济学的框架下,生态经济发展的价值取向与最终目的是满足人的生态、物质、精神的基本需要,这与中国特色社会主义新时代奋斗目标是一致的。生态经济发展的价值观和财富观,在本质上是生态文明的价值观和财富观。生态文明要求现代经济社会的发展,必须使经济发展与生态发展构成一个完整的有机统一体,从而使人与自然重新成为有机统一体,达到生态与经济、人与自然和谐统一与协调发展。[2]

生态系统和经济系统的运行与发展,必须坚持"以人为本",促进人的全面发展。在21世纪,无论是人的全面发展,还是协调发展,都是与自然生态环境良性循环的发展，离开了人与自然和谐统一的生态发展，就没有协调、可持续发展可言。新时代的可持续发展研究必须转换研究视角和发展理念。一是要把研究重点转向人的能力可持续发展上。个人的能力包括想象能力、观察能力、组织能力、沟通能力、创新能力、学习能力、号召能力、适应能力等，个人能力意旨顺利完成某一件事情或活动所必须的心理条件。此时此景，我们的理解，人的能力就是掌握自然生态规律和经济规律的程度，以及从事生态经济活动的执行能力（思考能力、决策能力、坚持能力）。人的能力可持续发展关乎着人口质量提升，关乎着民族的永续发展。"以人为本"就是经济社会运行和发展要以人的发展为根本，强调一切经济社会活动必须关心人、尊重人、发展人。人的能力可持续发展对社会经济可持续发展起着至关重要的作用。二是树立协调发展理念。学会"两面性"看问题，注重矛盾双方的协调式发展，学会抓住重点，在抓重点时一定要树立系统整体思维。现实中，由于我们缺乏全面的整体思维而导致的"不协调"问题相对突出，对我们的挑战也日益严峻。因此，我们必须用系统论的整体思维来看待社会经济发展，不仅要关注经济增长、GDP 的增长，更要关注用什么发展方式、发展途径来增大 GDP，来满足人们不断增长的对美好生活的需求。也就是说，人类不仅要不断追求财富，而且还要懂得如何衡量财富和如何创造财富。人类财富的积累不仅要做加法，还要做减法，需要扣除经济成本、社会成本和自然损失。[3]为此，我们必须摒弃以资源能源消耗、污染排放、生态破坏为特征的黑色经济模式；必须破除以牺牲生态环境为代价去攫取财富；必须破除忽视增长质量和发展成本的畸形增长；必须反对不顾一切条件提倡过分增长。

增强自然资本是经济持续发展的基础。生态经济学的前分析观点认为，经济在它的物质维度上是一个有限的、非增长的、与生态系统紧密联系的开放性子系统，由于经济系统的增长依赖于生态系统作为低熵物质输入的来源和高熵废物的接收器，当经济子系统的规模（流量）相对于整个生态系统而增长时，复杂的生态系统就会变得更加脆弱，因此经济子系统的增长受到其生态母系统的限制。[4]随着经济不断增长，经济子系统相对于外部的生态系统越来越大，某种程度上，"剩下的自然资本相对于人造资本变得越来越稀缺"。因此，戴利提出"通过投资自然资本实施可持续发展"。2005 年的《千年生态系统评估报告》的研究结果显示：人类正在破坏并消耗着全球将近 2/3 的自然资本。这就告诉我们，人类必须重新认识大自然的功能和自然的价值，明智地投资于自然；必须认清经济对地球生态系统的内在依存关系。发展经济是主导，保护生态环境是基础，保护生态环境是为了更好地发展经济。在自然生态资本不断衰减的新时代里，人类必须采用切实可行的方法，停止对自然理所当然般的索取，珍惜自然、保护自然、投资自然，减少生态赤字，创造生态盈余，夯实可持续发展的生态基础。

二、生态经济发展是生态系统与经济系统的融合发展

根据百度百科中的解释,"融合"是指"繁殖过程中的相互结合",意旨熔成或如熔化那样融成一体。融合的效果是,不同的事物在技术媒介等其他方式的基础上相互交叉、相互渗透,逐渐融为了一体,这是一个动态过程。融合发展就是"融为一体、合而为一",是客观事物发展的一条重要规律。恩格斯在《路德维希·费尔巴哈和德国古典哲学的终结》一书中把发展称之为"伟大的思想",而习近平总书记提出"融合发展"更是一个伟大的思想,指引着我们认识探索把握融合发展是事物发展的一个客观规律。党的十九大以后,全国人民用五大发展理念指导融合发展,在习近平融合发展思想指导下谱写了光辉的新篇章。

人类社会从工业文明走向生态文明,从经济与生态的不协调走向两者协调,这是人类社会发展的必然规律。当前我国经济发展实践中,越来越多地出现了各种生态与经济不协调的问题,存在着大量经济与生态的矛盾,这个矛盾主要表现为:经济社会发展对生态系统需求的无限性与生态系统满足需求的生产力和资源更新能力的有限性的矛盾,该矛盾的尖锐化严重制约着经济社会的可持续发展。要扭转这种不协调状态,必须充分认识生态系统和经济系统的有机整体性和融合性特征。

生态系统和经济系统的有机整体性。生态系统是由生命要素和环境要素共同组成的,前者包括各种植物、动物和微生物;后者包括光、热、土、水、气和各种矿物质。这些自然要素组成了生态系统的"食物链",不停地进行着物质循环和能量流动,维持着系统本身的生态平衡。生态经济学教科书对生态系统的定义,是由能量流动、物质循环和信息传递把系统内的各个组成部分(要素)紧密结合起来,形成一个有机整体。经济系统一般理解就是社会再生产过程中的生产、分配、交换和消费过程的有机统一体。生态经济系统中的经济系统可以表述为社会再生产有机体中的物质资料再生产、人口再生产和精神产品再生产的地域分布、部门组合及其体制层次构成的国民经济结构和功能单元。[5]92在人类经济活动过程中,生态系统和经济系统是相互联系、相互发生作用的,人类发展经济的活动必须以自然生态系统为基础,生态系统的持续稳定和资源再生可以为人们不断提供生产资料和生产、生活条件,如果生态系统的平衡被破坏,经济社会的可持续发展就会受到制约。生态系统和经济系统必须通过技术中介以及人类劳动过程不断进行物质循环、能量流动和信息传递,才能相互耦合为整体。人类必须通过自己的经济活动持续不断地为生态系统输入输出物质和能量,调整自身的生态经济行为,以激活与增强生态环境的自我更新并让资源补偿具有持续供给能

力,以维持生态系统的动态平衡和持续生产力。人类现在有了更多的生态意识,认清经济对地球生态系统的内在依存关系。理论与实践都证明,社会越进步,经济越发展,技术越先进,生物圈、技术圈和智慧圈之间就越相互依存、相互融合、相互作用,成为不可分割的经济有机整体。[6]事实表明,无论社会怎样进步,其经济发展所必须的一切物质资源,归根结底都要来自于自然界;无论技术怎样先进,人类生存与发展所进行的经济活动和繁衍,总是离不开一定的生态系统,还与一切与物质资料有关的周围的环境存在着一个互相平衡和协同发展问题。

生态系统和经济系统的融合性。生态经济学理论告诉我们,生态系统和经济系统有机结合的生态经济实体,是由系统内部各部分、各要素融合而成统一机体,使生态经济系统具有融合性特征。这一特征我们可以从两个方面来认识。一是组成生态经济系统的生态系统和经济系统不可分离地融合在一起。只有有了人类的物质资料的生产活动,才会有人类和自然之间的物质变换过程的发生,才会有生态系统和经济系统之间相互关系的存在,自然生态系统才会转化成为生态经济系统。由此可知,物质资料的生产和再生产,是人与自然间物质变换和人与人之间交换活动的相互作用相互融合的生态经济有机整体。二是组成生态经济系统的生态系统和经济系统相互交织地融合在一起。只有生态系统的自然再生产和经济系统的经济再生产相互交织在一起,才会有社会再生产,推动着生态经济系统的运动和发展。这种自然再生产和经济再生产相互交织而融合在一起的状况,存在于现代社会整个再生产过程中。[1]16~17从历史发展视角来看,生态经济系统因生产力发展水平和不同历史阶段的不同经济活动而发生变化的,从生态经济结构演替次序来看,大致经历了原始型、掠夺型、协调型三种生态经济结构。协调型的生态经济演替,是指"经济系统通过科技中介与生态系统结合","高输入高输出、多层次相互协同进化发展的生态经济系统的演替方式"[5]76~80,其特点表现为经济系统与生态系统各要素是互补互促的协调关系,也就是经济社会可持续发展的生态经济特征。20世纪90年代中期以来,中国生态经济协调发展理论与实践向深度延伸和广度扩展,表现出最重要、最显著的特点就是向可持续发展领域渗透与融合,逐步形成了一种将引起现代经济社会巨大变革的可持续发展经济理论。[7]美国生态经济学家布朗在其《生态经济》著作中描述了生态经济的蓝图[8],并认为"经济与地球生态系统之间的稳定关系,是经济可持续发展的基础。经济必须归属于生态这个理念"。布朗以"生态中心论"取代"经济中心论",提出"生态主导经济"的思路,呼吁生态学家和经济学家共同构建新经济——一种可持续发展的经济,共建有利于地球的经济模式——生态经济。布朗所定义的生态经济,"是一种遵循生态学规律的经济","是将一种以市场力量为导向的经济转变成一种以生态法则为导向的经济"。生态经济的建立向人们昭示:

"我们就是大自然的一个有机组成部分而不是游离于大自然之外的人"。这里所说的"生态经济"就是可持续发展的经济。

新时代赋予生态经济学的新任务，就是揭示生态与经济融合发展的客观规律。在社会主义生态文明新时代里，以习近平生态文明思想作指引不断探索研究现代经济发展的新问题，在继续探索生态系统与经济系统协调发展的同时，不仅要兼顾生态与经济两者的发展，还要进一步探索生态经济系统的自然再生产过程和经济再生产过程的相互融合发展。生态经济系统的运动过程是旧平衡不断被打破和新平衡不断建立的过程。人类一切经济活动过程都离不开自然生态系统，通过利用特定的自然环境，改善生态条件，使之适应人类生存和发展的需要。如果离开了生态和经济两个系统的相互作用，就没有生态经济及其运动的规律。人类及其经济活动不仅是社会经济系统的主体，而且是自然生态系统的控制者和协调者，推动着生态经济系统按照它本身所固有的规律不断运动、变化，并向前发展。因此，社会经济系统的社会物质再生产和自然生态系统的自然环境再生产之间相互平衡和协调发展，是生态经济系统进化发展的总体趋势；两种再生产相互平衡和发展的规律是支配生态经济发展全局的规律，也是一切经济社会形态下人类社会经济活动所共有的生态经济规律。[9] 人类已经认识到这个规律并利用该规律为社会经济发展服务，人类正在把一个朝着恶性循环演变的生态经济系统，建设成一个持续、稳定、协调及适度发展的生态经济系统。社会主义生态文明制度不断地为生态经济系统发展规律开辟充分广阔的道路。党的十八大提出的"大力推进社会主义生态文明建设，努力建设美丽中国，实现中华民族永续发展"，是中国特色社会主义新时代发展的新战略目标，并把改善人民生活环境，提高人民生活质量，不断满足人民美好生活向往作为经济社会发展的主要奋斗目标。新时代的新目标，标志着现代经济社会运行与发展切实转移到良性的生态循环和经济循环的轨道上来，实现生态环境与经济社会的可持续发展。

现代经济发展的实践证明，社会经济发展受诸多经济因素和非经济因素的影响和制约。发展是一种多要素、全方位、多领域的综合发展，发展的中心议题就是要把现代经济社会运行与发展转到良性循环轨道上来，从而实现人与自然和谐统一，这是生态文明时代的基本特征。生态文明是21世纪人类社会文明的主导形态，建设生态文明发展绿色经济是21世纪中国发展的主旋律，是中国共产党不断认识和实践探索的结果。在生态文明的新时代里，推进生态文明建设与经济建设的融合发展形式多种多样。当前，着力推动军民融合发展、国家重大区域战略融合发展、多层次多领域多产业等融合发展，因地制宜地探索各具特色的融合模式，剖析国内外经验和典型案例，不断创新和推动融合发展。"绿水青山就是金山银山"是对自然生态系统和社会经济系统的有机统一和融合发展的精准概括。"绿水青山"意指自然生态系统，代表着良好的生态环境，如果从自然生态系统来理解，"绿水青山"具有典型的地带植被、正向交替的生态系统、良好的生态结构、强大的生态功能、优美的自然环境等内在要求；"金山银山"意指财富或绿色银行，代表物质财富和绿色财富，如果从经济社会系统来理解，"金山银山"具有巨大的经济潜能、预期的经济效益和社会效益的和谐统一等语义要求。就经济与生态这两个系统来看，一个良好的经济系统必然要求有一个良好的、平衡的、稳定的生态系统与之相适应，二者相互促进相互作用，形成一个良性循环的运行统一体。"绿水青山"是大自然生态系统的一部分，在一定时期内的存在和发展是有限的，人类经济活动快速消费自然资源，从而会加速资源的耗竭，地表的绿水青山将会变得越来越稀缺。因此，绿水青山必须要在自然生态规律作用下，不断地进行循环运动和发展，使生态系统发挥更强大的作用，更好地维护生态系统自身稳定。

三、大力推进生态文明建设，推动生态与经济融合发展

（一）坚持促进经济生态化和生态经济化融合创新发展

生态与经济融合发展，具体来说，就是实现经济生态化与生态经济化。经济生态化就是必须符合生态经济发展的规律和要求，以生态代价最小和社会成本最低来发展经济；生态经济化就是要把生态优势更好更有效地转化为富民惠民的经济优势和发展优势。也就是说，使生态建设措施尽可能产生经济效益，经济建设措施尽可能产生生态效益。事实上，有的生态措施不可能有经济效益。比如退耕还林，就是必须的生态措施，但要牺牲一点经济效益。而还林之后再发展林下经济或发展旅游，就是生态经济融合发展了。生态与经济相互作用、相互融合，从长远与全局的角度来看，我们可能需要不少只有生态效益而牺牲经济效益的举措。正如罗马俱乐部在《关于财富和福利的对话》一书中所指出的，"生态与经济是一个不可分割的整体，在生态遭到破坏的世界里不可能有福利和财富。筹集财富的战略不应与保护这一财产的战略截然分开。一方面创造财富，另一方面又大肆破坏自然财产，会创造出消极价值或破坏价值。"[10] 很显然，现代经济运行与发展必须反映生态学的真理，创造生态生产力。只有以生态学原理建立起来的生态经济，才是一个维系环境永续不衰的经济，发展生态经济必须尊重自然规律，让生态凌驾于经济之上，是生态与经济融合的前提。

经济生态化包括产业生态化和消费生态化（或绿色化）两个方面。所谓产业生态化，是依据生态学原理，运用生态规律、经济规律和系统工程的方法来经营

和管理传统产业，以实现其社会、经济效益最大、资源高效利用、生态环境损害最小和废弃物多层次利用的目标。产业生态化的目的是解决产业发展与环境、资源之间的矛盾，促进产业与环境的协调发展，实现环境保护与生态建设的产业化。[11]消费生态化（或绿色化）就是妥善处理人与自然的关系，逐步形成环境友好型的消费意识、消费模式和消费习惯，积极引导消费者尽量多使用和消费绿色产品，提高废弃物处置率，减少环境污染。[12]因此，必须坚持节约资源和保护环境的基本国策，遵循资源节约、物质循环、生产过程低碳的生态理念，形成节约资源和保护环境的空间格局、产业结构、生产方式和生活模式，发展静脉产业、环境产业、战略性新兴产业，淘汰落后过剩产能、淘汰僵尸产业。通过生态文明建设，大力推动绿色发展、循环发展、低碳发展，加速消化环境污染的存量问题，加大污染整治力度；控制经济发展过程中可能形成新的污染和污染增量问题。[13]

生态经济化就是将自然资源、环境资源、气候资源视作经济资源加以开发、保护和使用。对于自然资源不仅要考察其经济价值，还要考察其生态价值；对于环境资源和气候资源，要根据其稀缺性赋予它价格信号，进行有偿使用和交易。在现实中，为了有效控制生态经济化，我们要认识到：生态经济化表现为稀缺资源有偿化和外部成本收益内部化；其变化过程既反映了生态资源的稀缺性，也体现了生态资源从无偿使用转向有偿使用的过程。生态经济化就是体现环境容量资源的价格属性、体现生态保护的合理回报、体现生态投资的资本收益的进化过程。生态经济化的本质特征就是在一定程度上通过价值机制显示生态环境资源的稀缺性，一定程度上通过价格机制有效配置生态环境资源。因此，必须根据各地资源禀赋和环境优势，探索因地制宜地各具特色的生态经济发展模式，比如，以良好生态和环境为依托的旅游经济、休闲经济、林下经济等。坚持生态优先、保护优先的方针，提高科技创新能力，将生态优势转化为经济优势。大力发展有利于生态保护的生态主导型工业，突出培育和发展生态主导型经济。"主导"就是代表方向，要以此为引领。大力发展生态林业等，通过提升和创新发展理念、模式、方式，将生态优势转变成经济优势，将"生态资本"变成"富民资本"。

（二）坚持多领域、多层次、多产业融合创新发展

农业生态经济问题是生态经济学研究的内容之一。农业生态经济系统是由农业资源环境生态系统与农业社会经济系统耦合而成的一个多元复合系统。研究农业生态经济系统的目的就是要解决农业生产中的生态环境与经济协调发展和融合发展问题。

农村一、二、三产业融合发展。农村生态经济发展，既是建设美丽中国的必

然选择，也是走中国特色新型农业现代化道路的内在要求。发展现代农业，必须将生态环境目标融合到现代农业发展目标之中，从而使农业的自然生态系统和社会经济系统相互融合良性运行。城市和乡村的融合不是城市"吃了"农村，而是城市和农村均衡发展、良性循环意义上的城乡结合。城市和乡村、生态与经济的融合发展离不开产业支撑。农村产业融合发展就是要加快推进农村一二三产业的融合发展，将农产品的生产、加工、销售与相关服务有机结合，为全体人民提供更多更好更优质的物质产品、生态产品和文化旅游产品，尽可能满足城乡居民日益增长的个性化、多样化的消费需求。推进农村一二三产业的融合发展，就要在"旅游、健康、文化+乡村"方面做到融合发展，努力改变过去农村一二三产业发展不平衡不协调的状态，促使一二三产业之间的交叉互补、相互渗透、一体化发展，通过农村三产融合发展形成新业态。农村经济发展必须坚持生态优先第一，以"生态+"为抓手，促进产业融合发展、转型升级。因此，必须抓好以下工作：第一，加大财政支农力度。支持构建农业产业、生产经营体系，加快农村一、二、三产业融合，推动农业由增产导向转向提质导向。第二，强力推进传统产业的生态化改造。用生态化改造第一产业，构建绿色农业产业模式；用生态化改造第二产业，构建绿色工业产业模式；用生态化改造第三产业，构建绿色服务业产业模式。亦即用生态化改造整个农业产业经济，构建低碳、高效、循环的绿色产业体系。第三，大力推进农业、农产品加工业、涉农生产性服务业的融合发展。着力引进和打造一批一产接二连三的产业融合发展平台，实现产业链相加、价值链相乘、供应链相托，加快形成"产地生态、产品绿色、产业融合、产出高效"的生态经济发展模式，推进生态与经济深度融合。第四，大力推进农村"生态+旅游"发展。大力推进农村文化产业和旅游业的发展，通过文旅融合助力农业、加工业、制造业等联动发展。加快培育发展康体养老、生态旅游、自然体验等一批新兴旅游业态。

"文旅产业融合"发展。文旅产业融合，首先是个经济问题，融合发展就是融合经济，亦即将农村生态环境融入到文化产品和旅游产品的发展过程中。当今世界，文化的经济化和经济的文化化已经成为一个总的趋势。文化作为一种产业的经济意义和对社会生产发展的推动作用越来越突出；经济的文化化表现在相同的经济事物因文化含量的不同具有不同的经济价值。近年来，我国的文化和旅游融合成了各界关注的焦点。2019年的政府工作报告中有多处内容涉及"文化和旅游"，并明确提出"发展壮大旅游产业"，"推动文化事业和文化产业发展。"旅游产业优化升级是"文旅融合"的内在源动力，文化发展需求是"文旅融合"的外在驱动力，技术创新在文旅融合发展中起着催化作用。实现文化和旅游的深度融合发展的着力点：一是规划先行，项目引领。比如，唐山市科学制定了一批全域、全业、全季旅游规划，使文化旅游业运行和发展有章可依，有序进行。据有关资料显示，2018年，唐山市规划的10亿元以上文化旅游项目投资运行情况良好。文旅产业融合发展成为河北唐山市动能转换和发展方式转变的产业载体。通过文化和旅游相互支撑、相互促进、优势互补，才能实现两大产业转型升级。二是加快推进管理体制改革。通过推进文化和旅游管理体制改革，厘清文化资源和旅游资源权、责、利关系，促进文化资源和旅游资源的融合、促进文化产业和旅游产业的融合，推进对外开放的融合，大力推进中外文化交流。近两年"研学旅游"的热度不断增长，更多游客希望通过旅游获得知识、拓宽视野、享受旅游资源的舒适。通过国外旅游让学生和游客了解更多的异国文化。广西桂林市积极探索创新产业融合发展的新模式，特别是在生态与文化融合发展、构建"富裕和谐桂林"等方面做了许多大胆的新尝试新探索，走出了一条保护生态、发展经济、惠及民生的可持续发展之路。三是加大政府投入力度。浙江省是全国科技力量最为集中、科研投入比例最高、科研成果最丰富的地区之一，拥有较多的国家级文化和科技融合示范基地，这就助推浙江用科技为文化发展注入强劲的创新动力。"文化＋"在电商、体育、制造业等诸多领域得到蓬勃发展，已经成为浙江的文化产业新业态，成为浙江经济新的增长点。浙江省在现代化经济建设中，把数字经济作为"一号工程"来建设，由此充分发挥浙江良好的信息经济产业基础、服务体系和发展生态。杭州大力推进数字产业化、产业数字化、城市数字化"三化融合"。数字产业化就是把数字资源变成新的产业。产业数字化即加速为传统产业插上新翅膀。加快制造业数字化转型、推动服务业数字化升级，提升农业数字化能力，培育新模式新业态。城市数字化即打开城市治理新密码，杭州正加速以"城市大脑"统筹各行各业领域数字化建设应用。

参考文献

[1] 刘思华. 可持续经济文集［M］. 中国财政经济出版社，2007：395.

[2] 高红贵. 绿色经济发展模式论［M］. 中国环境出版社，2015：62－63.

[3] 牛文元. 可持续发展理论的内涵认知［J］. 中国人口·资源与环境，2012（5）：9－13.

[4] ［美］赫尔曼·E. 戴利. 诸大建，胡圣，等，译. 超越增长：可持续发展的经济学［M］. 上海世纪出版集团，2006：35－38.

[5] 陈德昌. 生态经济学［M］. 上海科学技术文献出版社，2003：92.

[6] 刘思华. 生态马克思主义经济学原理（修订版）［M］. 人民出版社，2014.

[7] 李周. 中国生态经济理论与实践的进展［J］. 江西社会科学，2008（6）：7－12.

[8] ［美］莱斯特·R. 布朗. 林自新，等，译. 生态经济——有利于地球的经济构想［M］. 东方出版社，2002：4，88.

[9] 刘思华. 论生态经济规律［J］. 广西大学学报（哲学社会科学版），1985（1）：62－65.

[10] 杨柳,杨帆. 略论中国建设生态文明的大战略 [J]. 探索,2010 (5):152-156.
[11] 高红贵. 关于生态文明建设的几点思考 [J]. 中国地质大学学报,2013 (9):45.
[12] 沈满洪. "两山"重要思想在浙江的实践研究 [J]. 观察与思考,2016 (12):25.
[13] 高红贵,赵路. 基于生态经济的绿色发展道路 [J]. 创新,2018 (3):13.

(与李攀合作完成,原载《贵州社会科学》2019 年第 6 期)

中国绿色经济发展中的诸方博弈研究

当生态包袱日益沉重并逐渐不堪承受人类的经济活动时，环境将成为每个国家进一步发展的瓶颈。因此，绿色经济发展变革成为一种必然趋势。改革开放以来，中国经济的高速发展引发的外部性问题尤为严重，企业超标排放或偷排严重污染了环境。现阶段，由于各种因素的综合作用，企业片面追求利润最大化目标，将内部成本外部化，逃避社会责任以将环境污染造成的损失转嫁给他人或社会。这种人为地割裂经济与社会、经济与资源全面、协调、可持续发展的关系，很难实现自身行为的绿色化、生态化，更谈不上实现社会经济的绿色化。只有转变经济发展模式，创新绿色技术，培育绿色新产业，发展绿色新经济，才能实现真正的可持续发展。如何让企业承担自己应该承担的社会责任，不至于将成本部分甚至完全外部化，进而保证环境成本内部化就成为一个首要问题。因此，控制企业污染成为政府的合法行为[1]。但仅仅由政府制定出政策法规也存在一定的问题，还需要在政策制定及实施中考虑各方的利益诉求，寻求有效的制衡路径。而制度法规在监管机构的监督实施中，还牵涉到有效的执行规范以及实施人员的行为规范问题。因为我们制定法律法规及相应的制度安排，目的是限制企事业单位和个人可选择范围的边界，使内部成本外部化的代价极其高昂而成为其不愿选择的活动。这里又引出第二个问题，如何保证制度的有效性、实施人员在个人理性支配下依法行政？应看到，判断一个规章制度是否有效，除了看正式规则与非正式规则是否完善以外，更主要的是看奖惩机制是否健全，以使这些约束或激励得以顺利实施[2]。对于一个社会或组织系统来讲，尽管有规则（制度）比没有规则（制度）好，但有规则而不实施，即"有法不依"比"无法可依"往往会更糟。发展绿色经济的过程实质上是在一定的制度安排下，依照规则，由监管者、绿色经济消费者（居民）和遵从者（企业）互动的博弈过程。为此，本文通过对绿色经济政策的推出及执行者——政府、排污企业（绿色经济的可能破坏者）及消费者的主体（居民）之间博弈关系的研究，寻求绿色经济发展中诸方利益诉求交集，探究对污染者形成最大制约的有效路径。

一、中国绿色经济实施中的一般博弈分析

一场博弈是由参与者、目标函数、可能的战略以及博弈规则来界定的,从博弈分析角度看,绿色经济可以看作是在一定的制度安排下,依照规则,由监管者、绿色经济消费者(居民)和遵从者(企业)互动的博弈行为。为简化分析,首先以绿色经济推行及维护者(中央政府)和企业(经营者)作为排污博弈事件的主要当事人展开分析。假设企业和中央政府都只有两种可供选择的行为,即企业选择高排污和低排污,中央政府选择维护和不维护。企业选择高排污时可获取较高的收益R,以及在相关政策及标准被严格执行情况下支付较高的排污费F,则其净收益为R-F,相反,在选择低排污时只获取较低的收益r,以及在监管的情况下支付较低的排污费f,则其净收益为r-f;中央政府选择维护时的监管成本为c,不监管时成本为0,且c<f。如果相关信息公开透明,两个当事人进行完全信息静态博弈(见表1)。

表1　　　　　　　　绿色经济运行中政府与企业间的博弈分析

企业行为	政府行为	
	严格执行绿色标准 I	不严格执行 N
低排污 L	(r-f, f-c)	(r, 0)
高排污 H	(R-F, F-c)	(R, 0)

在政府征收的排污费过低条件下,即 R-F>r-f,存在纯策略纳什均衡(高排污,监管),当政府对排污企业征收较高的排污费,使得 R-F≤r-f,则不存在纯策略纳什均衡,必须考虑混合策略的纳什均衡。设政府以 p 的概率选择监管,1-p 的概率选择不监管,企业以 q 的概率选择低排污,以 1-q 的概率选择高排污,且 0≤p,q≤1(见表1)。

$$x = \begin{pmatrix} q \\ 1-q \end{pmatrix}$$

$$y = \begin{pmatrix} p \\ 1-p \end{pmatrix}$$

在纳什均衡中,政府所采取的混合策略 y 必须使得企业在高排污或低排污之间的选择因为平均得益相等而表现出无所谓的态度,即企业高排污时的期望得益(pay off)要等于低排污时的期望得益。企业低排污时的期望得益为 $u_1(L, y) =$

$p(r-f)+(1-p)r$，高排污时的期望得益为 $u_1(H, y) = p(R-F)+(1-p)R$。则有：

$$p(r-f)+(1-p)r = p(R-F)+(1-p)R$$

解得：$p = \dfrac{R-r}{F-f}$

同理，企业所采取的混合策略 x 必须使政府在监管或不监管之间的选择表现出无所谓的态度，即政府在监管时的期望得益要等于不监管时的期望得益。政府监管时的期望得益为 $u_2(x, I) = q(f-c)+(1-q)(F-c)$，在不监管时的期望得益等于 $u_2(x, N) = q \cdot 0 + (1-q) \cdot 0$。则有：

$$q(f-c)+(1-q)(F-c) = q \cdot 0 + (1-q) \cdot 0$$

解得：$q = \dfrac{F-c}{F-f}$

综上所述，我们得到监管博弈的混合策略解，即混合策略纳什均衡：

$$\left(\left(\frac{F-c}{F-f}, 1-\frac{F-c}{F-f}\right), \left(\frac{R-r}{F-f}, 1-\frac{R-r}{F-f}\right)\right)$$

此时企业的期望得益 $u_1(x, y)$ 为：

$$\begin{aligned}u_1(x, y) &= q \cdot u_1(L, y) + (1-q) \cdot u_1(H, y)\\&= q[p(r-f)+(1-p)r] + (1-q)[p(R-F)+(1-p)R]\\&= q[r-R+P(F-f)] + R - pF\end{aligned}$$

将 $p = \dfrac{R-r}{F-f}$，$q = \dfrac{F-c}{F-f}$ 代入上式得：

$$u_1(x, y) = R - \frac{F(R-r)}{F-f}$$

由假设前提 $R-F \leqslant r-f$ 知，$0 \leqslant \dfrac{R-r}{F-f} \leqslant 1$，则 $R-F \leqslant u_1(x, y) \leqslant R$。

同理，政府的期望得益 $u_2(x, y)$ 为：

$$\begin{aligned}u_2(x, y) &= p \cdot u_2(x, I) + (1-p) \cdot u_2(x, N)\\&= p[q(f-c)+(1-q)(F-c)] + (1-p) \cdot 0\\&= p[q(f-c)+(1-q)(F-c)]\end{aligned}$$

将 $p = \dfrac{R-r}{F-f}$，$q = \dfrac{F-c}{F-f}$ 代入上式得：

$$u_2(x, y) = 0$$

从绿色经济实施过程中的博弈模型中可以看出，政府加大监管力度，企业就会低排污，政府削弱监管力度，企业就会高排污。不同的行业在相同的技术条件下用相同的排污标准，有不同的结果和效率。不同的行业在给定其技术特性的情况下，污染的结果和效率也是不同的。因此，政府必须根据不同的污染源设置不同的排污标准，且标准要符合实际，否则达不到应有的效果。

政府必须依法行政。制度既然是一种博弈规则，那么博弈规则何时可以实施呢？实施者怎样才能被激励去实施其理应实施的博弈规则呢？如果实施者实施的博弈规则与他（她）的自身利益没有挂起钩来，他（她）们就不会去尽职守，出现缪尔达尔所说的"软政权"现象。在"软政权"中，制度、法律、规范、指令、条例等都是一种软约束，都可以讨价还价，政策推出及执行者凭借其手中的权力，对制度既可以执行也可以不执行；有好处时可以执行，没有好处时可以不执行；有"关系"时可以执行，没有关系时可以不执行。甚至规章执行者不遵从规章和指令，并且常常与被约束的排污企业串通一气。需要考虑建立"强政权"，通过对管制者的培训学习，改善管制者的福利待遇，硬化政权，强化道德，强化法律约束，减少政府官员寻租和腐败。严格按照有关标准，控制企业的污染排放。对超标排放的不仅要限期治理和整改，还要加倍征收排污费。对治理无望的则要实施退出管制，强令其退出市场[3]。

二、绿色经济构建及发展中的各方博弈分析

然而，现实中的环境污染行为一般是"由绿色经济消费市场中的居民和企业，消费者偏好和企业技术，可利用的战略以及规则组合所界定的一种博弈"[4]，参与者分别为：中央政府（社会整体利益最大化的维护者）、地方政府（受中央政府委托执行相关政策者，但基于 GDP 导向的政绩考核压力更关注经济与短期利益）、企业（污染实施者）及消费者的主体（居民）四方，而不仅仅是中央政府与企业间的博弈。为进一步寻求绿色经济发展中博弈各方的利益结合点，探究制衡污染的有效路径，尚需要构建四参与者间的两两博弈。

（一）中央政府和地方政府的博弈

鉴于环境污染治理具有较强外部性特征，分权及政绩导向的调整使得中央和地方政府在绿色经济的推行上存在不同考量。中央政府代表国家整体利益，力图实现以公共利益长期化为核心的社会整体利益最大化[5]，在政策制定和执行过程中意图缩小区域经济发展差距，最终实现"两型社会"。而地方政府受限于区域及政绩导向限制，倾向于"搭便车"享受其他区域污染治理所带来的外部经济效益[6]，从而实现本辖区内的社会经济发展。如果说这种整体与局部关注目标的不同为中央和地方政府在行为方向上产生差异提供了基础，则改革开放以来的权责关系演变就为地方执行有悖于整体利益的行为提供了现实的制度条件。其中的关键在于，以经济发展为核心是地方政府考虑的核心，这导致其通常忽视中央政府调控，以破坏环境为代价，片面追求经济增长，从而追求地方政府效益的最

大化。

考虑到中央和地方政府间的行动顺序为"中央政府制定并颁布政策－地方政府选择－中央政府回应－地方政府调整选择",两方博弈为完全信息动态博弈,故引入泽尔腾的"子博弈精炼纳什均衡"模型展开分析(见图1)。在中央政府政策制定并颁布之后,地方政府会在学习文件精神后作出相应选择,在经济建设为核心这一指挥棒下,地方政府通常会将经济增长作为首要目标,当面临两难选择时,最优选择是有条件执行甚至抵制环境保护目标。此时,若中央政府选择宽容,则地方政府不调整政策甚至完全放弃环境保护目标;而如果中央政府选择严格执行政策,对违反政策行为严厉处罚,即使该地方政府经济有很大增长,也不放弃,而对执行环境保护政策给予相应奖励。在此情况下,地方政府将调整原有选择,在经济增长与环境保护间作出协调。而如果中央政府放弃经济增长这一唯一的核心考量指标,而选择社会经济和谐发展这一目标时,则地方政府将会选择绿色经济发展道路,严格执行中央政府制定的环境保护政策。

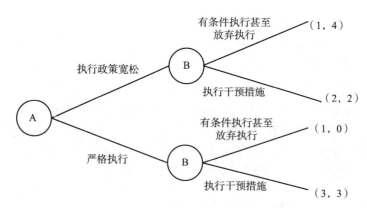

图1　中央政府与地方政府间的动态子博弈

运用逆向归纳法求解纳什均衡解可以发现,若中央政府执行宽松政策,则有选择地执行甚至放弃或抵制执行就是地方政府的优选;而如果中央政府严格执行相关政策,并以社会经济的和谐均衡发展为考量的核心指标时,则严格执行绿色环保政策就成为地方政府的首选目标,因为我国的环境控制体制具有"地方各级人民政府,应当对本辖区的环境质量负责"的特点,而地方政府偏重于经济效益,忽视生态环境效益,许多排污企业是地方的纳税大户,一旦排污企业出了问题,地方政府往往倾向于保护排污企业。但如果继续以经济增长作为考核的核心指标,即使严格执行相关环保政策,放弃甚至抵制执行环保政策的期望收益都会大于严格执行政策的期望收益,此时放弃或抵制执行政策将成为地方政府的占优选择。当然，中央政府在此过程中是否兑现相关奖惩以及能否让地方政府相信中央政府确定给予相应的执行，也将影响到地方政府的执行态度。总之，地方政府政策执行中采取"下有对策"的关键原因在于放弃执行甚至抵制政策将获得大于执行的期望收益[7]，要实现有助于政策执行的博弈均衡，中央政府需通过整合双方间的利益、健全责任追究制度以改变博弈参数，从而走出政策执行困境。

（二）政府和企业间的博弈

"环境保护"较强的正外部经济特征决定了此类公共物品提供的效率较低，在完全交由市场决定其供求情况下易于出现市场失灵现象，"公地悲剧"常常由此产生。需要代表社会整体长期利益的政府出面干预，在制定各种政策、法规和环境标准之后，以此为依据督促企业采取措施以保护环境，为此，需分析双方间的博弈进程，以寻求最优均衡。相对来说，企业对政府制定并颁布的相关法规较为关注，但在利润最大化原则下倾向于对政府执行力度进行"试触"，采取更利于自身的行动，通常有保护和不保护环境两种。而政府对企业的生产成本、投入状况、经营效益、环境保护措施的实施推行状况了解相对较少，易于出现"上有政策，下有对策"的现象。由此，可以引入不完全信息博弈的精炼贝叶斯博弈模型展开分析。

围绕环境保护而展开的博弈双方可以设定为政府 A，企业 B，构成两个参与人的动态博弈。在此博弈中，如果 $u=0$，那么博弈提前结束；如果政府选择在执行政策过程中不严格，则企业 B 将会选择不保护环境甚至放弃保护。但由于企业对政府行为的回应尚不了解，还需要根据政府的回应而决定是否对首次选择进行有机调整。若政府能够严格执行政策并对照企业行为进行应有惩罚，并在绿色标志、税收减免等方面给予环境友好型企业以相应补偿[8]，则会降低企业污染意愿并作用于企业下一轮回的行为上，反之则会鼓励企业放任环境污染的存在。由此可以看出，在博弈过程中，政府的奖惩机制对于厂商来说是一种威胁，若 $1-p>p$，则它是可信的威胁，厂商在此阶段很可能选择"执行环境标准，履行环保义务"；若 $p>1-p$，博弈继续展开，环境趋于恶化。在社会经济发展过程中，我国的环保法规及相对应的惩罚力度过低，尚不能与企业排污所造成的外部损失相抵，即使上交罚金之后仍有高额暴利。这种情况下的政府干预行为将是不可信的"威胁"，鼓励企业明目张胆排污、破坏环境。（见图2）。

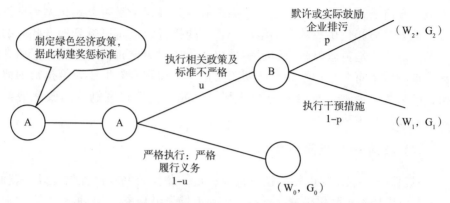

图2 绿色经济政策推出及执行者与企业间的动态子博弈

注：u、1-u、p、1-p代表博弈双方采取某种行动的概率，（W，G）代表博弈双方采取互动情况下的得益。

一般认为，绿色经济的推行及维护者（为简化分析，这里以政府作为相关政策制度的制定及执行的主要代表）和企业（制度的遵从者）在环境保护上的利益是根本对立的。一方面，政府依据法律法规以及在法律法规的框架原则下制定的制度、规则控制企业的排污行为以实现自身管理净收益最大化；另一方面，作为制度遵从者的企业依据利润最大化的原则设法规避政府控制，根据对手的不同行动确立自己相应的最优反应。这是绿色经济运行中博弈双方互相作用和理性决策的过程。这种过程往往不是一次性完结，而是双方在各自的策略集中来选择策略不断进行的博弈。企业为了自身的最大利益，只要是法律没有禁止的，他们就尽量地去排污或是打"擦边球"，在法律制度操作性不强的情况下尽力为之；而环境管制机构是在有法律法规明文规定的情况下才能对污染企业进行管制。也就是要做到"有法可依"。

政府（管制机构）和企业（制度的遵从者）的目标函数则是绿色经济中的博弈收益。政府和企业作为博弈当事人，各自为了自身利益行动。由于在实际博弈行为过程中，相关政策的执行人员关心的是升迁、福利。只有在政策目标和责任目标与政策执行人员自身利益相挂钩条件下，才能让他们尽力管制污染企业，否则，政策执行人员将会利用手中权力寻求经济租金。排污企业则抓住政策执行者的这一需求，通过与环境监测官员建立所谓的"礼尚往来"关系，获取有利于自己的监测结果，逃避应缴纳的排污费。政府管制的根本目标与管制人员的具体目标不一致，这是政策实施中难以达到最优解的另一关键因素。

（三）企业与消费者间的博弈

在发展绿色经济的博弈过程中，企业与消费者间也存在显著的互相制约关系。对于企业来说，消费者在一定消费观念指导下形成的购买决策将是拉动企业行为转变的市场需求，如果企业生产出的相关产品不符合消费者的需求，消费者将采用"脚投票"实施制裁，反之将会促进企业销售额进而利润的大幅攀升。而对企业来说，遵循内部经济最大化和将不经济外部化原则，除了要考虑消费者"脚投票"对自身销售状况的影响，还需要考虑内部的生产成本及能否将内部不经济向外部转化。由此，企业与消费者间互相促进、互相制约的关系可以利用博弈模型展开分析。在这个博弈模型中，企业从事生产活动时有污染和不污染环境两种战略选择。当其选择污染时，可以不考虑产量限制和治理成本等问题，收益为 R；采取措施降低甚至不污染时，收益为 N（R>N）。居民的选择则为向有关部门投诉或以自身行为参与治污，抑或是不参与环境保护。现实分析发现，若对居民的制止企业污染或直接参与保护给予补偿，则会增加居民从环境保护中获得的净收益，即 W/n – C > 0，否则将导致不保护则成为居民的最优选择，此时，由于 R > N，N ≥ N，企业的最优策略是放任环境污染（见表2）。

表2 绿色经济运行中企业与居民间的博弈分析

企业行为	居民行为	
	参与保护 I	不参与保护 N
污染 L	(N, W/n)	(N, W/n)
不污染 H	(R, W/n – C)	(R, [W–(R–N)])/n

注：假定环境改善可以带来的总福利为 W，所处区域内共有 n 个居民，单个居民获得利益为 W/n，参与保护需付出 C 单位成本。

尽管如此，但当公众对环境保护关注度大幅增加，上升为市场消费活动中的绿色行为中后，将会构成对企业的强大压力，最终将通过企业间的竞争关系体现出来。因为当消费者的"脚投票"影响力持续增长的情况下，企业行为将会受消费者购买决策的严重制约，若符合需求则成长壮大，反之则竞争力衰弱。为此，企业为在行业竞争中保持优势，必然千方百计向消费者意愿靠拢，从而形成企业间的"囚徒困境"。设有甲、乙两个规模不大的企业，它们对已被污染的环境都有两种选择：投资保护和不保护。如果都不保护，甲、乙的收益分别为 R_1、R_2；当采取措施保护环境时，收益分别为 N_1 和 N_2。进行保护时，环境得到改善，由于消费者"脚投票"影响的制约，环境改善的长期性和正外部性考量下不保护环境的利益将被抵消，从环保投资中获得收益将易于超过投资成本，即 $N_1 > R_1$，$N_2 > R_2$。此时，无论甲企业选择哪种决策，乙企业的最优决策均为保护（$N_2 > R_2$）；反之也是，由此（保护，保护）将成为纳什均衡解（见表3）。

表 3　　　　　　绿色经济运行中企业与企业间的博弈分析

乙企业行为	甲企业行为	
	保护	不保护
保护	(N_2，N_1)	(R_2，N_1)
不保护	(N_2，N_1)	(R_2，R_1)

三、结论与应对建议

（一）结论

制度实施程度及效率与实施机制是密切联系的。在绿色经济结构调整与运行的过程中，一方面，要不断进行制度创新；另一方面，就是实施机制的建立。我国并不是缺乏制度创新和制度创新的能力，而是缺乏一种实施制度的环境和条件，缺乏有效的制度实施机制，制度不能有效实施的原因：一是制度设计不合理或者实施的成本太高；二是制度的实施会影响一些人的利益，导致制度实施的阻力较大。为此，需要建立有效的制度实施机制。

建立有效的实施机制应该考虑以下几点：制度应该注意可行性、可操作性及运行的成本；制度应该尽量减少实施人的可改变余地；保障制度的权威性和严肃性；提高违约成本。

（二）应对建议

基于以上分析，在构建中国绿色经济发展体系过程中，需从以下几个方面展开。

对执行者（政策推行者）：首先，建立制度执行者的奖励机制。一项合理的有效率的正式规则能不能实施，往往与对执行者缺乏有效的奖励机制（利益激励机制）有关。如果严格执法、秉公办事、坚持原则者得不到奖励，而贪赃枉法者却可以在私下中饱私囊，那么作为有自利倾向的执法者的行为取向就可想而知。在从人治向法治社会转型的过程中以及司法公正尚无有效机制得以实现的情况下，对合格执行者的奖励就是十分必要的，也会最终有助于依法办事的风气的形成。其次，建立正确的社会评价机制。一项具体的激励制度安排（评奖、晋职、升迁、收入分配等），还与社会评价体系的科学性、客观性、普适性、具体评价过程的公平性、公开性和公正性，评价主体的外生性（与被评价主体没有利益冲突或亲疏关系）、权威性（专业性），评价标准的相对稳定性和可预期性有关。

再次，提高制度执行者的综合素质。制度安排执行者的素质包括技术性素质和非技术性素质等两个方面。制度是人创设的，也需要人来实施才能变成现实，离开了人这个制度创新和实施的主体，便不存在任何制度或游戏规则。因此，某种意义上讲，制度执行者的素质，就是制度得以有效实施的核心和关键。

对企业：必须强化企业治理污染的约束机制。政府监督和约束企业治理污染，使得企业破坏环境造成的个人成本不低于社会成本，从而使社会利益不受侵害，这是符合市场经济条件下纠正市场失灵原则的科学制度安排。目前，我们对企业治理污染的约束机制有弱化的倾向，原因除了上述监督部门的监督失效外，还有一个就是信息不对称。政府监督部门制定各种环境标准、法规和政策，敦促其采取措施达到标准。企业对这种标准、法规和政策是比较清楚的，但监督部门面对的是大量的企业，有限的人力不可能或很难了解到企业执行环境标准的情况以及是否履行其他环境保护义务。这种信息不对称使企业难以受到充分监督。以上情况说明企业所受的监督约束极为有限，企业破坏环境的私人成本依然小于社会成本，政策对企业的约束机制没有达到应有的效果，环境恶化也就不可避免。

对居民：需要在加大宣传力度的同时，构建绿色经济参与补贴机制。根据前述分析，我们可以发现，消费者的"脚投票"在一定程度上有助于形成企业间的"囚徒困境"，并对政策执行者构成有力的监督、舆论氛围。但如果没有适当的参与补贴机制，会使得居民参与后获得环境净收益较低，削弱居民参与环境保护的积极性。

同时必须建立监督机制，这是制度实施的保障。监督机制就是通过一定的手段和措施使人们的行为按既定的目标运行的过程。在制度实施的过程中，要运用法律、行政、经济、技术和教育的手段进行监督，防止人为因素对制度实施的干扰。

参考文献

[1] [美] 保罗·萨缪尔森. 经济学（第16版）[M]. 北京：华夏出版社，1999：268 - 270.

[2] 柳新元. 制度安排的实施机制与制度安排的绩效 [J]. 经济评论，2002，（4）：48 - 50.

[3] 高红贵. 中国环境质量管制的制度经济学分析 [M]. 北京：中国财政经济出版社，2006：125 - 127.

[4] 史博普. 管制与市场 [M]. 上海：三联书店，上海人民出版社，1999：47.

[5] 周国雄. 公共政策执行阻滞的博弈分析：以环境污染治理为例 [J]. 同济大学学报：社会科学版，2007，（4）：91 - 96.

[6] 姚广红，赵光华，赵敏华. 区域经济发展中不同利益主体间的博弈分析：以对环境影响为例 [J]. 绿色经济，2008，（7）：8 - 9.

[7] 刘艳莉, 吕彦昭. 环境与区域经济增长的博弈分析 [J]. 北方经贸, 2006, (3): 117-118.

[8] 尹艳冰, 吴文东. 循环经济条件下政府环境政策的博弈分析 [J]. 华东经济管理, 2009, (5): 25-29.

(原载《中国人口·资源与环境》2012 年第 4 期)

关于绿色经济发展中非正式制度创新的几个问题

全球气候不断变暖，自然灾害频繁发生，生态系统继续恶化，人类要寻求一条有效而可持续地解决这些多重危机的道路，必须进行绿色转型。绿色经济是以经济与环境的和谐为目的，以维护人类生存环境、合理保护资源与能源、有益于人体健康为特征，发展起来的一种新的经济形式。推行绿色经济发展需要制度保障。

新制度经济学理论认为，制度是一种博弈规则，是人们所创造的用以限制人们相互交往的行为框架。这种博弈规则分为正式规则和非正式规则两大类。正式规则是人为设定的，通过权威机构保证其执行的，通过硬约束规范人们的经济行为。制度的重要性在于它通过引导性或者强制性力量使经济活动在追求自身利益最大化的前提下，比较资源节约、废弃物循环利用和无害化排放的成本和效益，最终按循环经济的要求来调整自己的经济行为。然而，目前我国的绿色制度建设仍然相当落后，许多制度尚未建立或者建立不够完善。比如，环境信息报告制度、绿色采购制度、排污收费制度、生态补偿制度、公众参与和监督制度等，虽然这些制度已经建立，但是政府部门执行起来却是困难重重。非正式规则是人们在长期交往中无意识形成的，主要包括价值信念、伦理规范、道德观念、风俗习惯、意识形态等因素。在非正式约束中，意识形态处于核心地位。意识形态不仅可以蕴含价值信念、伦理规范、道德观念、风俗习惯，还对人的行为具有强有力的约束。在实际社会经济生活中，正式规则约束与非正式规则约束对经济发展的"共同影响"是很难分割开的。

世界发达国家，绿色理念和绿色发展在生产和生活的各个方面不仅无处不在，而且起到关键的甚至是决定性的作用。本文试图分析中国在推行绿色经济发展的进程中，强调正式制度约束的促进作用外，不断创新非正式制度，让和谐文化、绿色诚信和绿色责任、民间环保组织或环保非政府组织等非正式制度推动绿色经济向前发展。

一、和谐文化是绿色经济发展的核心理念

《辞海》中对文化的解释是在人类社会历史和发展过程中所创造的精神财富和物质财富的总和，特指精神财富，如文学、艺术、教育、科学等[1]。对"和谐"的解释是配合得适当和匀称的意思[1]，还有协调之义[2]。和谐具有客观必然性。用现代一般系统论的语言来描述，"和谐"乃是指要素与要素、要素与系统、系统与环境之间的相应与配合得当，且由此而使系统要素的潜力得以合理释放，使系统整体的性能趋于最优。人类在认识自然改造自然过程中，聚集了大量的物质财富，结果是自然资源面临枯竭，道德滑坡，诚信缺失，人与自然之间、人与人之间、人与社会之间的关系扭曲，乃至社会失衡；粗放型的生产方式，畸形的消费方式和生活方式，导致全球气候变暖、冰川融化、异常极端天气频频出现，人类面临着生存和发展的危机，地球生态系统严重失衡。生产方式的矛盾、生活方式的矛盾以及现代社会各种矛盾都需要用和谐的思维方式去化解或解决。

在2006年中共党的十六届六中全会中通过的《中共中央关于构建社会主义和谐社会若干重大问题的决定》中，我国首次明确提出建设"和谐文化"的重大战略任务。"建设和谐文化，为构建社会主义和谐社会作出贡献，是现阶段我国文化工作的主题。"[3]。由此，我国正式把"和谐文化"建设提升到了引人注目的高度。"和谐文化"的提出无疑是一种理论上的创新，不仅有助于中国和谐社会的建设，而且为人类文明的发展提供了新的理论方向和思想动力。建设和谐文化，不仅是促进科学发展的需要，同时也是促进社会和谐的需要。

绿色经济发展呼唤和谐文化。从传统的粗放型经济发展模式到绿色经济发展模式的转变，是人们进行无数次选择的过程。这种选择不仅是基于经济的选择，也是文化的选择，是认识了规律的人们的理性选择，是受到绿色和谐文化引导、影响、制约的选择。廖晓义在第三届"绿色中国"论坛上提出"和谐文化"在我国绿色经济发展中的作用。他指出，"'和谐'是中华民族五千年的特色，正是这个和谐支撑了中华民族五千年"。"中国的文化就是和谐文化——人心与人身的和谐、个体与社会的和谐、人与自然的和谐。正是有了这种'和谐'的精神，我国的绿色发展才有了厚重的理念支撑"。[4]近年来，刘思华教授在学术报告和论文中多次指出：和谐文化是生态文化或绿色文化的核心价值观；绿色经济发展观是科学发展观的新发展。因此，笔者认为，科学发展观强调绿色发展，其精神实质是和谐发展，也就是说，建设和谐文化是科学发展观的内在要求。和谐文化强调人类、社会、自然的共生与和谐，包含着协调发展、均衡发展的理念，蕴涵着科学发展思维方式、思想方法和实践逻辑，有助于促进社会全面进步和人的全面

发展。因此，绿色经济的发展需要和谐文化的支撑。

和谐文化促进绿色生产。和谐文化促使人们用和谐的精神、和谐的方法去处理人与自然、人与人、人与社会以及人与自身的关系，从人与自然、人与人、人与社会及人与自身和谐相处的高度去化解矛盾，去解决问题，去谋求新的发展模式。绿色生产方式强调生产、产品使用和服务全过程的绿色化，使产品在整个生命周期中，对自然环境和人体健康的负面影响最小，资源能源利用率最高，生产者利益、消费者利益和生态环境利益的协调达到最优。因此，绿色生产方式是经济发展方式转变的必然选择。

二、绿色诚信和绿色责任是绿色经济发展的伦理道德基础

21世纪经济的主旋律是绿色生态经济，包括绿色产品、绿色生产、绿色消费、绿色市场、绿色产业等内容，这是可持续发展理念对经济生活的具体要求。中国的国情需要企业走绿色经济发展道路，国际大潮流也迫使企业走绿色发展道路，社会责任更要求企业走绿色发展道路。

绿色诚信是指企业在绿色经济发展中所应兑现的绿色承诺以及担负的绿色责任。绿色诚信和绿色责任不是仅仅停留在口头上，更多的是要贯穿于人们的生产、生活、习惯和消费意识中[5]。企业以绿色责任体现其绿色诚信，通过建立诚信机制，承担企业的绿色责任。一是培养企业社会责任理念，提高企业社会责任意识。企业应对员工灌输诚信理念，树立员工的社会责任心，通过提高员工自我责任的自觉性，促使企业更好发展。同时，企业应高度关注员工的成长和发展，以极大的真诚和信任包容和关怀员工，为企业造就强大内聚力。企业对员工负责，员工就会信任企业。企业必须建立和完善诚信经营的制度，制定切实可行的奖惩措施，形成"诚信经营"的企业文化，以推动企业自律。二是建立长效诚信机制。企业领导必须发掘员工的潜力，相信每一个员工的能力，开展员工生产过程的质量自查，要求企业生产的各个环节都必须把诚信经营作为共同的价值取向和自觉的行动，建立长效机制，不断丰富诚信的内涵。各层领导必须经常深入到生产过程中进行现场检查，早发现早解决，使企业诚信建设贯穿施工全过程。三是建立诚信监督机制，强化对企业失信行为的惩罚。只有强化失信的惩罚机制，加大对企业失信的惩罚，才能使企业更加规范自己的行为，起到对企业社会责任的监督作用。

绿色社会责任就是与生态文明和可持续发展相关的责任。我们认为应包括以下内容：第一，现代企业生产目的应该追求的是社会福利最大化。也就是说，企业不仅追求直接的物质利益，同时也要追求包括更高的精神需求、社会需求和生

态需求在内的生活质量；不仅追求代内生态、经济和社会公平和谐，而且追求代际的公平和谐；不仅追求物质利益，更要追求生态利益和社会利益。第二，现代企业应该具有双重社会责任。不仅要关心其员工，而且要关心其他相关利益群体；不仅要关心这一代人的生存和发展，而且要关心子孙后代的生存和发展。于是，企业的社会责任就有这两个层面的意义：企业要承担为自己构建各个利益主体之间的和谐氛围，又要承担起与社会各利益相关者和自然环境之间的和谐义务；既要维护和创造良好的自然环境，也要维护和创造好的社会环境。第三，现代企业追求的是人类普遍幸福。在生态经济下，任何个人的幸福都依存于周围人的幸福，只有社会普遍增加了幸福，自己的幸福才能真正增加。从幸福的视角来分析企业的责任，一是必须保证当代人的福利增加，同时也应使后代人有与当代人相同的福利水平；二是强调一切经济社会活动必须关心人、尊重人、解放人、发展人；三是要珍惜、爱护、保护人的生命，维护人的安全，保障人的健康。

绿色诚信和绿色责任是绿色经济发展的基础。现代企业在绿色经济发展中扮演着双重角色，既是绿色社会责任的承载主体，也是绿色社会责任担当主体；既要创造经济利润，对股东利益负责，也要对员工、消费者、社区、环境负责；既要发展自我，也要回馈社会。绿色社会责任让企业在绿色诚信中树立自己的品牌和声誉。品牌和声誉是影响企业成功的重要指标之一，美国《财富》杂志在一项"衡量企业成功与否的主要因素"的调查中，59%的被调查者认为，40%以上的企业市值是通过品牌形象和声誉体现的[6]。

三、环保 NGO（非政府组织）是绿色经济发展的重要保障

环保 NGO 也称民间环保组织或环保非政府组织，因其代表了政府环保部门和企业私人环保机构之外的一类社会环保自治组织机制，而被称为环保"第三部门"[7]，或环保"第三域"，是围绕生态环境的保护开展活动的民间环保团体。与政府环保部门和企业私人环保机构相比，其活动既不依靠强制性的行政权力，也不以营利为目的，而是通过致力于环境保护而树立社会公信度，依靠公众的自愿参与，由公众自发形成、自我管理的自治组织。其主要特点是：不以谋取政治利益为目的非政治性；不以通过组织活动谋取经济利益为宗旨的非营利性；以公共利益为指向的公益性；不以政府干预自愿参与的志愿性；环保 NGO 有自己的章程和行为规范的组织性。

环境污染和生态退化已严重地制约了我国绿色经济的发展。要走可持续发展之路，发展绿色经济，就要解决环境问题，实现人与自然的和谐。环境问题的解决需要大量资金投入，而我国政府因财政困难无力解决日益严重的环保问题，因

而需要借助其他各方面的力量参与环保;另一方面,民间组织所拥有的资源越来越雄厚,有能力从事环境保护事业。日益严重的环境问题无疑为民间环保组织的发展提供了契机。

环保 NGO 大力宣传环保理念。环保 NGO 从环境教育的角度切入,或者是每个人作为个体在其生活中间践行绿色环保生活。这些活动大范围的组织和开展,实际上大大地普及了环保理念。从这一点上来说,环保 NGO 在公众环境意识的培养方面做出了巨大贡献。而 2003 年出台的《环境影响评价法》则为公众提供了一个合法依法介入环境公共决策的权利。近些年来,一些环保 NGO 开始将关注的重点转向了企业的环境表现。也就是说,环保 NGO 开始作为企业行为的监督者,形成了环保 NGO 和企业的博弈与良性的互动。

环保 NGO 通过参与重大环境决策,推动绿色经济发展。从《环境影响评价法》颁发开始,中国环保民间组织已由初期的单个组织行动,进入相互联合、合作时代。环保民间组织活动领域也从早期的环境宣传、特定物种保护等,逐步发展到组织公众参与环保,为国家环境事业建言献策,开展社会监督,维护公众环境权益,推动可持续发展等诸多领域。以怒江建坝为例,"绿家园"等一些环保 NGO 介入这一工程,实际上是从个体的行为关注,转向了关注重大环境决策,切入到公共决策中,这是中国 NGO 在环境保护中所起作用的一个重大变化。如果说在此之前,很多环保 NGO 主要工作方向是做项目、搞宣传,甚至停留在"种树、观鸟、捡垃圾"阶段。"怒江保卫战"之后,中国环保 NGO 开始介入社会利益集团的力量抗衡[8]。

环保 NGO 通过监督企业履行社会责任,为绿色经济发展提供重要保障。2008 年 5 月 1 日,《环境信息公开办法(试行)》施行。环境信息公开的法制化为公众参与环境保护提供了保障。中国环保 NGO 充分利用这一契机,推动了公众关注环保事业,引领公众参与走向深入,进而影响政府部门的环境决策,同时促进了企业切实承担环境责任。例如,2010 年春节前夕,34 家环保 NG0 向社会提供了一份"黑名单",指出 21 家市场占有率高的日常用品所涉生产厂商存在环境违规记录,涉及行业从食品到家电、轮胎、汽车和通讯产品。这些公布的信息,来自于公众环境研究中心(Institute of Public Enviromental Affairs, IPE)的中国污染信息数据库,数据库内收集和整理的信息全部来自各级政府部门发布的环境监测数据。透过网络平台,公众能够便捷地获取这些政府部门发布的环境质量数据和企业违规信息。环保 NGO 不仅向社会公布了这些企业的不达标信息,而且向这 21 家企业发出了通知,希望其能提供资料说明违规情况以及整改意见。出于品牌美誉度的考虑,有一半品牌及其下属企业积极与 IPE 取得联系并进行沟通和说明。环保 NGO 通过这些工作监督企业承担绿色社会责任,减少污染,实施绿色生产,促进绿色经济的发展。

参考文献

[1] 辞海（全新版）.中国书籍出版社，2003.

[2] 辞海.上海辞书出版社，2000.

[3] 胡锦涛.在中国文联第八次全国代表大会中国作协第七次全国代表大会上的讲话[R].人民日报，2006.

[4] 廖晓义.复兴和谐文化，共建绿色中国.中国环境文化促进会网，2004.4.5 http：//www.tt65.net/zonghe/luntan/wenxian/3/mydoc001.htm.

[5] 潘岳.在中国环境文化促进会和神农架林区政府共同举行的"绿色责任与生态文明——神农架绿色责任蓝皮书发布座谈会"上的讲话.中国网 2008-06-27. www.china.com.cn.

[6] 王春和，等.中国民营企业可持续发展研究，中国经济出版社，2007.

[7] 王名.中国第三部门之路.21世纪经济报道，2005.

[8] 陈金陵.绿色呼唤——中国环保NGO启示录.中国作家·纪实，2010（7）.

（原载《中国人口·资源与环境》2011年专刊）

两种发展观视域下的绿色经济

工业革命以来形成的发展观是传统的发展观,这种传统发展观追求的"GDP第一"、增长至上,目标是不断增加物质财富。传统经济发展观的两种基本现实形态是工业文明发展观和价值观下产生的经济功利主义和物质享乐主义。工业文明的发展方式是高消耗、高污染、高排放、低产出的"三高一低"的生产方式和享乐主义的生活方式,这样的人类生存方式必然具有"反社会"和"反自然"的性质。很显然,工业文明的经济发展模式是没有前途的和不可持续的,我们必须探索另一种新发展模式,以适应当今世界生态与可持续发展的需要。尽管联合国提出可持续发展理念(1987年),但是可持续发展仍然是人类中心主义的发展观,仍然只是修正而不是转变传统经济发展模式。绿色经济发展观是第二代可持续发展观,是对传统工业化模式的根本性变革,其显著特征是以科技、能源、资本的绿色化来提高绿色经济的比重,这种经济增长模式强调资源能源消耗低、污染排放少,实现经济增长、生态改善、社会进步的有机统一。这充分体现了绿色经济发展的本质属性与其内涵特征是生态经济与可持续经济。本文通过剖析生态文明时代的绿色经济与工业文明时代的黑色经济的区别,揭示生态文明时代绿色经济是21世纪主导的经济发展模式。

一、工业文明的绿色经济

17世纪末和18世纪初的古典经济学,一直主张环境对经济增长的制约是微不足道的。到了19世纪20年代末,以煤炭为主要能源、以蒸汽机为主要动力的近代大机器工业生产体系得以确立,资本主义的工业化造成的"工业黑化",不仅破坏了自然生态,而且破坏了人体生态。人们逐渐认识到经济活动不能不考虑生态学过程。20世纪中期之后全球污染事件的集中爆发促使人类世界开始对经典经济增长方式进行全面而深刻的反思与批判,开始反思传统工业化道路。

西方发达国家学界考虑如何克服工业文明黑色发展的弊病,思考发展什么样的经济才能使工业文明经济"不黑化",于是,有学者针对性地提出了发展绿色经济。其中,最典型、最著名的是英国学者约翰·艾尔金顿(John Elkington)于1998年提出的"人类、地球、利润""三重底线"原则。约翰指出:"'人类'是指人力资本,涉及对劳动者以及公司开展业务的社区和地区的公平与互利的商业行为。"[1]目前,国际社会对以"三重底线"为基础来定义绿色经济已达成共识。

我国学者从20世纪80年代开始绿色经济研究。相对于发达国家来说,我国关于绿色经济研究的起步较晚,尽管研究成果不少,但仍处于探索阶段,研究范畴主要集中于绿色经济内涵的界定、国外绿色经济发展实践与政策经验的介绍,以及国外发展绿色经济的经验对中国发展绿色经济的政策启示等方面进行一般性的分析[2]。国内学者从狭义和广义两个角度分别对绿色经济的定义进行了界定:从狭义的角度看,绿色经济是指"与绿色生物资源开发相关联的绿色产业、绿色产品和服务,绿色营销通道建设,引导和满足绿色消费时尚需求的经济活动过程或经济模式";从广义的角度看,绿色经济是保证各类资源可循环可持续利用,不产生生态破坏和环境污染,使自然生态、经济与社会协调发展[3]。而随着研究的深入,人们开始考虑经济不能脱离生态、经济与生态应保持协调,并谋求在经济发展、环境保护和社会和谐之间实现一种有机的平衡。

纵观国内外学者关于环境与经济发展观点的研究,更多的是提及了绿色经济的概念,而对绿色经济并没有进行深入研究,更谈不上有系统的理论。然而,前任的一系列研究观点又都与绿色经济存在着内在的一致性。总的来看,绿色经济的概念多与环境保护等绿色议题有关,多半是因环境保护而引发的工业和农业生产方式的变革。实际上,最早提出"绿色经济"这一名词的英国经济学家皮尔斯,他也是在环境经济上粘贴绿色标签,把绿色经济作为环境保护的代名词来使用。人们普遍认为资源枯竭、环境污染问题的出现只是工业文明发展所造成的一种结果,理所当然要从环境经济学的理论框架中去寻找环境问题产生的根源,探索评估环境问题损失的经济学方法。于是,就在环境经济学上贴上绿色经济的标签,将绿色经济置于环境经济学的理论框架之中,使其成为环境经济学的理论基础。

以环境经济学为理论基础的绿色经济,实质上是工业文明框架内的绿色经济。工业文明时代的经济是"黑色经济","黑色经济"是反人性(社会)和反自然(生态)的现代经济。工业文明时代的黑色经济,是为了追求物质利益最大化,是以消耗大量的自然资本和生态资本、牺牲生态环境为代价的,用消灭生态价值去创造经济价值,亦即在创造了生态价值的同时消灭了生态生产力。这条"黑色经济"发展道路是建立在自由竞争与自利的市场基础之上,它是依靠资本来驱动的发展道路,其特征是增长速度与资源消耗强度、GDP增加与环境负荷增大在速率上成正比例状态,是一种"资源—产品—污染排放"的直线型、开放式经济发展过程。工业文明的黑色经济发展道路形成的是高增长、高代价的经济发展态势[4]。

随着社会生产规模的扩大、人口的增长，环境的自净能力不断变弱乃至丧失，这种发展模式导致的环境危机、能源危机、资源短缺危机并发[5]。从本质上来说，西方工业文明的传统经济发展模式，是"先污染、后治理""先致富、后清理""以增长优先"的黑色经济发展模式，也是不可持续的经济发展模式。为了遏制环境污染和生态破坏，人们开始反思工业文明的发展道路，希望能够采用一些环境经济政策和经济激励手段来解决经济发展过程中伴随出现的环境问题。并有一些学者想利用发展绿色经济去转变这种资源消耗型、环境污染型和生态毁灭型的工业文明发展模式。揭益寿等人认为，绿色经济是"以市场为导向、以传统产业经济为基础、是产业经济为适应人类环保与健康需要而产生并表现出来的一种新的经济形式"。这样的绿色经济表述，仍然探讨的是经济与环境的相互作用、相互影响，仍然是想通过"绿色"去改变市场、分配、交换和消费的全过程。这种探讨还是处于较浅层次，还是在工业文明的框架内研究发展绿色经济，这种绿色经济发展只是治标不治本，只能是暂时的、局部的缓解生态环境恶化，不可能从根本上解决人与自然的矛盾。

二、生态文明的绿色经济

中国生态经济学家刘思华教授在他的一系列论著中对绿色经济作了生态经济学诠释。刘思华指出，"以生态经济协调理论作为研究绿色经济发展的理论支撑点，这就为绿色经济与绿色发展道路提供了生态经济学的理论基础。"刘思华在《绿色经济论》一书中，深刻阐明了绿色经济理论和实践前沿问题，并将其概括为"绿色经济是可持续经济的实现形态，它的本质是以生态经济协调发展为核心的可持续发展经济。[6]"刘思华在《发展绿色经济理论与实践探索》的学术报告中强调，"绿色经济发展是人类文明时代由工业文明时代进入生态文明时代的必然进程，是生态文明时代的最佳经济发展模式"。后来，他在《生态文明与绿色低碳经济发展总论》一书的总序中对广义上绿色经济的内涵进行了界定[7]，并将绿色经济重新界定为："以生态文明为价值取向，以生态、知识、智力资本为基本要素，以人与自然和谐发展和生态经济协调发展为根本目标，实现生态资本增值的可持续经济[7]。"因此，生态文明的绿色经济发展必将使人类文明更加进步，社会经济发展更加符合自然规律、经济规律和人的自身规律。

20世纪90年代以后，各国学者开始密切关注生态经济理论和可持续发展理论，并对环境、经济、社会问题都做出了反应，直面现实问题。2001年11月，美国生态经济学家莱斯特·R.布朗在《生态经济——一个有利于地球的经济构想》一书中提出,"经济系统是生态系统的一个子系统的观点",提出了"人类经济摆脱目前困境走向可持续发展道路的具体方案,根据生态规律勾画人类未来生态经济蓝图",为我们提供了一个全新的研究视角。后来,莱斯特·R.布朗在其撰写的《B模式:拯救地球延续文明》《B模式3.0:紧急动员拯救文明》《B模式4.0:起来,拯救文明》以及《崩溃边缘的世界——如何拯救我们的生态和经济环境》的相继出版,告诉人们应该如何从气候变化中拯救地球。布朗所构架的新经济——生态经济,"是一个能够维系生态永续不衰的经济,或者说是一个生态可持续发展的经济。是把过去经济凌驾于生态环境之上转变为生态凌驾于经济之上。"布朗认为,"生态经济能够充分表达生态学的真理",因此,我们必须将经济归属于生态理念,使生态与经济有机结合并协调发展。实现生态与经济协调可持续发展是绿色经济的核心内容。联合国环境规划署在其2011年出版的《迈向绿色经济:通往可持续发展和消除贫困的各种途径——面向指出制定者的综合报告》中将绿色经济界定为,"可促成提高人类福祉和社会公平,同时显著降低环境风险与生态稀缺的经济。"[8]

生态文明的绿色经济是一种低碳、资源高效和社会包容的经济[9]。相对于传统经济学而言,绿色经济更加注重对自然资本运营和生态系统服务的经济学价值进行评估。从国内外学界和实业界的观点可以明显得知,绿色经济概念的演进和研究的理论基础是随着人类对发展方式的反思而不断深入推进的过程。绿色经济是现代经济发展理论创新的伟大成果,它不是环境经济学倡导的理念,而是生态经济学与可持续发展经济学倡导的新理念。

生态文明的绿色经济,要求将现有产业进行绿色转型,创造有利于绿色发展的市场空间,建立起经济增长与生态环境优化相结合的"三低一高"的经济发展道路,即低(资源)消耗、低污染、低排放(包括低碳甚至零碳排放)和高增长。刘思华教授在《生态文明与绿色低碳经济发展总论》及其他论著中,反复论证了"绿色经济是生态文明时代倡导和主导的经济形态与经济发展模式"。绿色经济发展强调人与自然之间的和谐相处,强调人类要从过去对自然的掠夺性、肆意性地开发利用转变为和谐性、自律性、科学性地开发利用,强调过去以经济中心主义和单纯经济利益为导向的发展转变为对生态失衡经济的全面衡量和对人类和自然的全面尊重的发展[10]。人类正迈入生态文明时代,生态文明的发展观要求:人类必须坚持在生态环境承受能力范围内解决当代发展与生态环境之间的协调关系;人类必须坚持不危及后代人需要的前提下来解决当代经济发展的协调关系[7]。不管是从理论视域还是从实践视域来说,绿色经济是生态文明发展的全新经济模式,低碳经济、循环经济都是绿色经济模式的现实体现[11]。

国内外一些学者把绿色经济界定为环境经济学的范畴，实质上是在工业文明视域下来理解绿色经济，他们虽然看到了绿色经济能克服或消除黑色工业文明的弊端，狭隘地认为绿色经济是超越工业文明的黑色经济，对绿色经济的生态经济属性与可持续经济的本质内涵认识不足，使人们落入了"工业文明发展的陷阱"。刘思华教授针对学术界把绿色经济定位为环境经济学的范畴，他毅然走出环境经济与工业文明发展的陷阱，对绿色经济重新定位，把它看作是生态经济学与可持续发展经济学的理论范畴，这是他随着实践的发展认识在不断深化与发展的结果。刘思华教授近20年来的一些论著和论文中反复强调绿色经济是生态文明时代全新的经济形态与发展模式。我们认为绿色经济就是绿色发展的经济。正如刘思华教授在2013年中国生态文明建设·杭州论坛上，作了题为《深化社会主义生态文明理论研究促进中国特色社会主义文明绿色创新发展》的开幕词中，把绿色发展表述为："以生态和谐为价值取向，以生态承载力为基础，以有益于自然生态健康和人体生态健康为终极目的，以绿色创新为主要驱动力，以经济社会各个领域和全过程的全面生态化为基本路径，旨在追求人与自然、人与人、人与社会、人与自身和谐发展为根本宗旨，实现代价最小、成效最大的生态经济社会有机整体全面和谐协调可持续发展[12]。"刘思华教授的这个表述，可以说是他对绿色经济内涵与外延所作的一个最终概念界定。只有这样，我们才能真正认识和把握绿色经济，才真正符合人类社会经济形态演变的客观进程，才真正符合建设生态文明、发展绿色经济、构建和谐社会的历史进程和内在逻辑。

三、大力推进生态文明的绿色经济发展

在生态文明的框架内建设生态文明，发展绿色经济，我们面临多重压力，也必须克服多重压力。在全球气候变化、全球多种危机背景下，资源环境约束不断加大，劳动力资源供给约束不断强化，绿色技术落后等，严重阻碍了绿色经济发展。基于资源环境、劳动力、技术、制度等众多约束，绿色经济发展需要绿色创新驱动。为此，我们应该：

（一）构建驱动绿色经济发展的科技创新机制

绿色经济发展模式是对传统经济发展模式的变革或创新，这种创新涉及技术、制度、文化等多个维度。尽管如此，绿色技术创新在驱动绿色经济发展中的作用不能忽视。

1. 绿色经济发展依靠绿色科技创新。第一，坚定不移贯彻创新驱动发展战略。党的十八大报告明确提出要实施创新驱动发展战略，强调科技创新是提高社

会生产力和综合国力的战略支撑，必须摆在国家发展全局的核心位置[13]。党的十八届三中全会通过的《中共中央关于全面深化改革若干重大问题的决定》（简称《决定》）指出要深化科技体制改革，并明确指出了国家实施创新驱动发展战略的制度安排。"创新驱动发展战略"为我国转变经济发展方式、实现绿色经济发展提供了战略支撑。绿色创新是一种系统性创新，其内涵不仅包括绿色技术创新，还包括生产工艺、产品、服务、商业模式，以及相关的制度和政策创新。绿色技术创新是在经济和环境协调发展基础上的创新活动，它与普通的技术创新相比负载着更高的生态和经济的价值追求。绿色工艺技术创新是绿色技术创新的关键所在，绿色设备技术创新是绿色技术创新的重要环节，绿色产品创新是绿色技术创新的最终体现[14]。

第二，绿色经济发展新动力——草根创新与大众创新。推进大众创业、万众创新，是发展的动力之源，也是富民之道、公平之计、强国之策，是激发全社会创新潜能和创业活动的有效途径[15]。作为新时期科技创新的新模式，万众创新、大众创新的内涵和特点也在不断发生着改变：一是创业群体正发生变化。创业群体逐渐从大众精英转向大学生、出国留学生、企业高管和科研人员等草根阶层[16]。来自民间、个人等草根组织的创新，特别是让广大人民群众参与创新过程，是提高企业创新效率的关键。二是创新模式正不断改变。以往创新模式都是以生产者为中心，而现在创新模式正在向以用户为中心的创新模式转变，创新也正在经历从市场范式向服务范式转变的过程[17]。而为充分发挥中国草根创新、大众创业的巨大潜力，这需要政府转变自身职能角色，变"管理型"为"服务型"，为市场竞争提供一个良好的机制和体制，这样才能使"草根"创新蔚然成风、遍地开花。

2. 绿色科技创新需要制度保障。目前，我国企业的科技创新虽然已经取得了一定的成效，但仍存在诸如思想观念、体制政策等方面的障碍。如果缺乏制度保障和配套的政策支撑，企业往往缺乏绿色创新的积极性，整个国家绿色创新能力也难以提升。因此，必须建立促进绿色创新的保障制度和配套的政策体系。

第一，建立健全有效的绿色科技体制。目前，我国科技人、财、物大量集中在研究机构和大学，而众多企业，虽然作为科技体制的主体，但其创新动力和创新能力严重不足。为此，我们必须加快科技体制改革，完善政府服务公共服务职能，充分发挥企业主体作用，加快科技服务业发展。

第二，建立并完善绿色科技创新的奖励机制。一是建立政府主导的外部推进和激励机制。政府要理出"责任清单"，政府该怎么管市场，"法定职责必须为"，建立诚信经营、公平竞争的市场环境，激发企业动力，鼓励创新创造[18]。二是建立健全绿色科技创新的市场导向机制。让企业成为绿色技术创新的主体，使绿色创新作为一个内生因素根植于企业绿色经济发展模式之中。完善的生产制度需要协同创新和共享平台。加强产学研联合创新,有利于企业运用市场机制集聚创新资源,降低企业的研发成本,提高产品的质量和效益,提升产业核心竞争力。

第三,建立绿色科技创新投融资机制和搭建绿色产业化平台。一是建立绿色科技创新投融资机制,推动绿色关键技术的研发。广泛吸纳社会力量参与绿色科技的研发,促进形成政府、企业、社会多元化、多渠道的绿色科技投入格局。二是创建绿色技术创新成果产业化平台和市场服务体系。绿色技术创新需要不断完善创新企业的孵化器平台,注重企业研发创新。推动企业实施信息化改造,着力构建以企业为主体、市场为导向、产学研相结合的技术创新体系,提升创新驱动绿色经济发展水平。

第四,完善绿色科技创新和成果转化机制。当前,我国科技创新和成果转化的机制仍十分不通畅,面临这诸如科技规划立法滞后、科研立项和市场脱节、考评机制不健全等问题,这些都导致科研成果转化效率低下,难以把发明转化为实业、产品及产业。因此,亟须修订完善有关绿色科技成果转化的制度,推动绿色科技成果的转化进入规范化、法律化轨道;加快转变和优化政府及相关部门的职能作用,强化政府在产学研合作中的服务功能,开辟多样化的投融资渠道等。湖北省力争到2017年,组织3000项高校的先进科技成果在省内企业转化[19]。处理好研发创新与转化的关系。目前,在科技成果转化方面,加大高校、科研机构和企业的合作与交流,在高校、院所建立成果推广机构,探索政府引导、市场化运作的成果推广模式。

(二)加速构建有利于绿色经济发展的体制机制

一种不利于绿色经济发展的体制机制需要不断变革、创新,使之转向更有利于节约资源、保护环境、促进绿色经济发展的制度安排。

1. 加速构建推进绿色、低碳能源发展的制度机制。

第一,在能源的生产和使用方面,要优先发展绿色、低碳能源,要更加重视能源资源的节约,把利用化石能源资源控制在资源环境可承受的范围之内[20]。第二,加快绿色、地毯能源技术的研发,引领能源技术向绿色、循环、低碳的变革。第三,加强对新能源产业化技术的示范推广和运用。

2. 充分利用市场手段,增加绿色发展的社会投入。

第一,创新和加大政府环保投资力度,吸引更多的社会资本进入生态环境保护领域。首先,政府应积极发挥财政资金的导向作用,搭建绿色发展融资平台,吸引社会投资进入绿色经济领域。其次,积极调整信贷资金投入结构和领域,增加资金投放额度,引导资金投入森林、草原、河流、滩涂、湖泊的保护等环保领域。再次,创新信贷担保手段和担保方法,建立担保基金和担保机构,努力解决民营企业资金不足等金融难题。

第二，建立吸引社会及个人资本投入生态环境保护的市场机制。加大社会及个人资本投入生态环境保护吸引力度，加快制定社会及个人资本投资于环境保护领域的产业指导目录，积极推行环境服务政府购买和环境污染第三方治理进程。就当前而言，我国环境保护领域普遍缺乏资源环境使用者付费机制，社会及个人资本投入生态环境保护领域的保障及盈利机制仍不完善，社会及个人资本进入到生态环境保护领域的投资和回报吸引力仍不足，这些都严重阻碍了社会及个人资本进入生态环保领域的进程。因此，亟须建立吸引社会及个人资本投入生态环境保护的市场机制，制定相关政策吸引社会和个人资本积极进行生态环境保护投资，为社会及个人资本进入生态保护领域提供动力和法律保障。

3. 建立健全有利于绿色经济发展的干部选用和考核制度。

第一，以自然资源资产负债表为依据，改革干部考核评价和任用制度[21]。一般来讲，应该从以下三个方面的因素来改革干部考核和任用制度：一是干部选用和考核指标体系要充分体现加快我国经济发展方式转变的要求，进一步突出对发展代价的考核[22]；二是干部选用和考核指标体系要反映生态文明建设的一些既定任务和目标；三是考核指标体系要结合不同区域、不同行业、不同层次的特点[23]。因此，必须统筹和把握经济发展与优化生态环境的关系、经济发展速度与质量效益的关系及提高群众收入水平与改善生产生活环境的关系[24]。

第二，以资源环境生态红线管控等为基线，建立生态环保问责制，进行自然资源资产离任审计和责任追究[21]。在我国过去的经济发展中，基本上没有对自然资源进行核算。地方领导认为只要 GDP 搞上去，城市建设搞得漂亮，就会提拔离开，至于留下的荒山、污染的水体，就与自己毫无关系。一些地方领导为了政绩，一味追求 GDP 而损害环境，损害环境的官员们离开这个工作岗位，却把堪忧的环境问题留给当地老百姓。因此，为了更好促进绿色经济发展，必须以资源环境生态红线管控等为基线，建立生态环保问责制。只有同时控制住资源、环境、生态的红线范围，才能有效地倒逼经济内涵式发展，形成生产、生活、生态"三生"空间维持稳定的发展格局。

参考文献

[1] 万喆. 绿色如何引导经济转型 [N]. 光明日报，2012 – 04 – 20 (011).

[2] 陈银娥，高红贵. 绿色经济的制度创新 [M]. 北京：中国财政经济出版社，2011.

[3] 揭益寿. 中国绿色产业的建设与发展 [M]. 徐州：中国矿业大学出版社，2005：4 – 5.

[4] 米哈依罗·米莎诺维克，爱德华·帕斯托尔. 人类处在转折点 [M]. 刘长毅，李永平，孙晓光，译. 北京：中国和平出版社，1987.

[5] 冯之浚. 循环经济是新的经济增长方式 [N]. 光明日报，2007 – 01 – 20 (007).

[6] 刘思华. 绿色经济论 [M]. 北京：中国财政经济出版社，2001.

[7] 刘思华. 生态文明与绿色低碳经济发展总论 [M]. 北京：中国财政经济出版社，2011.

[8] 曹俊，蔡方. 访阿齐姆·施泰纳：我们能否迈向绿色经济？[N]. 中国环境报，2011-11-22（04）.

[9] 赫尔·曼戴利. 超越增长——可持续发展的经济学 [M]. 诸大建，胡圣，等，译. 上海：上海译文出版社，2001：8-9.

[10] 胡鞍钢. 中国：创新绿色发展 [M]. 北京：中国人民大学出版社，2012：34.

[11] 王玲玲，张艳国. "绿色发展"内涵探微 [J]. 社会主义研究，2012（5）：143-146.

[12] 刘思华. 社会主义生态文明理论研究的创新与发展——警惕"三个薄弱"与"五化"问题 [J]. 毛泽东邓小平理论研究，2014（2）：8-10.

[13] 路甬祥. 求真务实 大力推进产学研协同创新 [J]. 中国科技产业，2013（10）：24-25.

[14] 刘思华. 企业经济可持续发展论 [M]. 中国环境科学出版社，2002，174-175.

[15] 国务院办公厅关于发展众创空间推进大众创新创业的指导意见 [S]. 国办发[2015] 9号.

[16] 科技部：创业主体从精英到大众 形成创业"新四军" [EB/OL]. (2015-07-09). http://www.chinanews.com/cj/2015/07-09/7394646.shtml.

[17] 宋刚，张楠. 创新2.0：知识社会环境下的创新民主化 [J]. 中国软科学，2009（10）：60-66.

[18] 胡起. 改革创新 强企引擎 [J]. 上海企业，2014（10）：7.

[19] 姜晓晓. 让科技创新成为驱动发展的最强引擎——访省科技厅党组书记、副厅长王东风 [J]. 政策，2015（7）：52-55.

[20] 中国科学院可持续发展战略研究组. 2013中国可持续发展战略报告 [M]. 北京：科学出版社，2013：180-181.

[21] 夏光. 加快推进经济发展绿色化 [N]. 中国环境报，2015-05-05（002）.

[22] 张厚美. 生态效益实绩怎么考核？[J]. 环境经济，2013（9）：32-34.

[23] 吴顺江. 健全有利于促进生态文明建设的干部考核评价机制 [EB/OL]. (2010-08-05). http://cpc.people.com.cn.

[24] 刘帅. 建立生态文明的考核评价机制 引导干部牢固树立"绿色政绩观" [EB/OL]. (2012-12-10). http://cpc.people.com.cn.

（与陈峥合作完成，原载《生态经济》2016年第8期）

社会责任：现代企业绿色经济发展的新思考

党的十八大报告中提出"把生态文明建设放在突出地位"，提出"从源头上扭转生态环境恶化趋势"的目标，提出"给自然留下更多修复空间，给农业留下更多良田，给子孙后代留下天蓝、地绿、水净的美好家园"的愿景。目标已经提出，摆在我们面前的是毫无迟疑的付诸行动。这是一个伟大的工程，需要依靠全民的参与。这个目标的实现需要依靠发展方式转变，需要对工业文明进行深刻的省思，体现在日常生活到发展建设的每一个环节，体现在企业行为的"绿色化""生态化"。中国的国情、民意的呼唤需要企业走绿色发展道路，国际大潮流也迫使企业走绿色发展道路，社会责任更要求企业走绿色发展道路。现代企业承担社会责任，意味着企业不仅追求直接的物质利益，同时也要追求包括更高的精神需求、社会需求和生态需求在内的生活质量；不仅追求代内生态、经济和社会公平和谐，而且追求代际的公平和谐；不仅追求物质利益，更要追求生态利益和社会利益。现代企业应该具有双重社会责任，既要承担为自己构建各个利益主体之间的和谐氛围，又要承担起与社会各利益相关者和自然环境之间的和谐义务；既要维护和创造良好的自然环境，也要维护和创造良好的社会环境。因此，本文研究企业在发展绿色经济中到底应该怎么样去承担其社会责任，如何把自己的行为贯彻落实到每一个具体环节中去等，进行一些新的思考，这对于实现企业与其相关区域的统筹、协调发展，实现企业利益和社会利益双赢，企业与社会同步可持续发展具有重大的现实意义。

一、必须以"科学发展观"为指导来组织企业生产经营活动

科学发展观的第一要义是发展，核心是"以人为本"，基本要求是全面协调可持续发展，根本方法是统筹兼顾。科学发展观强调，要从市场各个部类、各个地域、各个方面的联系，从人与自然、人与社会、当代与后代等的联系中把握发

展。在当代中国，坚持发展是硬道理的本质要求就是坚持科学发展。然而，企业在发展中出现了各种各样背离科学发展观的要义，远离"以人为本"核心的一些不正常现象。

企业只重视追求物质利益最大化，忽视关注社会责任。企业在发展过程中，不仅受到资源环境约束，还受到内外竞争的压力，企业不得不做强做大自己，以避免优胜劣汰。企业通过不断加强资本积累增强抵抗各种风险的能力，不可避免忽视对社会责任的关注，甚至有时以牺牲社会责任为代价来发展壮大自己。在市场物质利益的驱动下，一些企业不顾国家法律法规和企业规章制度的规定，尽量减少成本支出，特别是减少在生产安全方面的投资，这给生产安全事故的频发埋下重大的隐患；一些企业缺乏良知道德，生产、销售有害人体健康的产品，给社会和人民群众带来极大伤害；一些企业的经营者和管理人员缺乏以人为本意识，把改善员工的工作条件和安全保障当作企业的负担，一味地压低劳动力价格、延长劳动时间、降低劳动力成本、提供简陋的工作环境，导致了悲剧的产生……市场经济条件下，单纯的市场行为带有一定的盲目性和局限性，各种利益矛盾大量出现，各种弊端不断产生，诸如"权钱交易""见利忘义""弄虚作假""坑蒙拐骗""贫富悬殊"等社会失范开始显露。

企业只顾眼前利益、局部利益，忽视其社会责任。由于企业没有树立科学发展的现代经营理念，短期行为严重。这势必造成企业对经营过程中的外部性问题毫无顾忌、急功近利、企业失信、欺诈等短期行为的产生。"拖欠货款、税款、贷款""违约合同欺诈""制作销售假冒伪劣产品""披露虚假信息数据""质量价格欺诈""商标侵权"和"不正当竞争"等问题，不仅严重影响了企业正常生产经营，增加了企业的生产成本，而且提高了整个社会经济的运作成本，造成社会资源的极大浪费。

企业只重视经济发展，忽视环境保护。保护环境是企业社会责任的一个重要方面与组成部分，这要求企业在生产经营过程中，于谋求利益最大化的同时，还应当合理利用资源采取措施防治污染，对社会履行保护环境的义务。在我国市场经济发展初期，无论是地方政府还是企业自身，考虑环境因素的比较少，人们更多把目光放在经济蛋糕的增长问题上，更多地关注GDP数字的攀升，直到最近几年以来，由于一系列环境问题开始危及增长甚至已影响到整个社会发展的时候，人们才开始重新认识并重视起环境问题。"饮用水污染"事件、"毒大米"事件等，使人们充分认识到环境污染与破坏的主要肇事者是企业，企业在消除环境污染，保护环境中肩负着不可推卸的责任。

这些不讲诚信、不负责任的行为，损人利己的行为，都是企业的短视行为，最终只会导致企业的不可持续发展。"以人为本"的科学发展观，其主旨是服务于人的需要和发展，它兼顾了个人利益和社会利益，当代人利益和子孙后代的利益,是一种更高层次的人类利己主义。在企业的市场经营活动中,必须以科学发展观为指导,树立正确的现代企业经营理念,科学生产、科学治污,才能实现企业可持续发展。

深入践行科学发展观,企业必须变革过去"高投入、高能耗、高污染、低产出"的传统生产经营方式,调整经济结构,走向一条"低投入、低消耗、低污染、高产出"的新型工业化道路。并要求企业必须做到:第一,要有前瞻眼光。在全球气候变暖、各种危机接踵而至、内外竞争压力加大的背景下,企业必须要有敏锐的眼光、前瞻性的思考和超前的部署。如果企业不从经济发展的角度、企业社会责任方面去思考企业经营战略问题,与世界经济发展步伐不协调的话,企业的产品竞争力就会降低。第二,要精心谋划整个生产过程。企业必须从再生产的全过程,也就是从市场、流通、分配、消费的全过程来精心谋划。节能减排、应对气候变化是一个巨大的投资市场,潜力非常大。企业如何能做到使自己自觉地承担社会责任,而不把它看成是一种负担。第三,严格履行国家颁布的法律和标准。这是社会责任的底线。社会责任关系企业生存与发展。

二、必须实施创新驱动,促进企业转变经济发展方式

十八大报告中指出,要实施创新驱动发展战略。创新驱动是科学发展观的要求,也是转变经济发展方式的要求。纵观世界经济发展的历史长河,任何社会、任何国家、任何一个历史时期的经济发展都离不开"创新"。哪个国家率先实现了创新,哪个国家便可以率先发展。中国改革开放30多年的实践,充分证明了中国不断用新的知识经济成果去改造传统产业来实现创新,通过技术创新促进经济发展。创新是经济发展的引擎,创新引领经济的发展。

企业是市场经济活动的主体,也是科技创新的主体。党的十八大把生态文明融入发展主基调,融入经济、政治、文化、社会建设的各方面和全过程,这很大程度上要落实到企业身上。企业经济活动的最终目的是满足社会的消费需求,社会消费需求拉动经济的发展。

企业在生产过程中就是要把人们潜在的需求变成现实的需求,把抽象的需求变成可操作的需求,由此而使本企业获得盈利并长久生存和可持续发展,使社会充满活力,这个过程就是一个创新的过程。如果企业一旦不创新了,或者说在创新方面落后了,就会被淘汰出局。当今世界,正是因为有成千上万的企业在不断创新,才会有新产业、新产品不断出现,才会有经济的蓬勃发展。

当前我们面临的发展背景十分复杂,全球经济社会各种挑战聚合,生态系统退化和生态承载的底线,资源枯竭和气候变化呈现复合态势,主要资源价格攀

升，对经济增长造成的压力日益加重……因此，企业只有明确了自己的定位，要以贯彻落实党的十八大精神为新起点、新动力、新目标，始终践行科学发展观，努力转变经济发展方式，才能适应新形势、新环境、新变化，才能解决好发展过程中不协调等问题，真正实现在创新中谋发展，在发展中不断创新。

作为创新主体的企业，在努力转变经济发展方式中，应着力推动以下几个方面的创新：一要着力推动制度创新。亦即要推动体制机制的创新。体制机制创新是实现企业发展方式转变的重要推动力。企业必须立足中国特色和现实的背景，面向市场，面向国际，不断总结发展过程中的经验教训，不断变革人们创造的用以限制人们相互交往的行为框架，最大限度地解放企业生产力，提高社会生产力。二要着力推动科技创新。十八大很清楚地指出了我们工作中存在的不足和前进道路上的困难和问题是科技创新能力不强。因此，十八大报告提出把科技创新摆在国家发展全局的核心位置，这对于企业的发展具有重大的现实意义。科技创新是让企业到广阔的市场中去探索、去研发、去试验、去实践、去学习、去消化吸收，从而推进技术和实践的创新，提高企业的科技创新能力。科技创新是企业发展的不竭动力，是社会进步、文明繁荣的不竭动力。三要着力推动人才创新。一支规模宏大、结构合理、素质优良的创新人才队伍，是推动企业科技创新的基础和保障。这支人才队伍既包括能够进行重大理论创新的学术型、研发型人才，还包括能够在实践推进技术革新、实践创新的高素质技能型人才。企业只有做大技术平台，才能推动人才集聚。四要着力推动管理创新。管理创新的核心是效益和效率。企业必须不断改革和创新自身管理体制和商业运作模式，探索企业科学管理的模式。企业必须主动应对及时、市场、国内外环境的挑战，在不断与先进的管理理念、管理方式对比中，查找企业自身的差距，发挥企业自身的特长和优势实现利益最大化。

三、必须积极探索企业的绿色经济发展模式

丹麦绿色发展模式证明，积极发展与生态环保是可以兼顾的。自从1970年世界第一次能源危机以来，丹麦就开始实施节能技术和新能源发展战略，并开创了一条巨大的绿色产业链。过去25年里，丹麦经济增长了75%，但能源消耗总量却基本维持不变，二氧化碳排放量未升反降，形成了独特的丹麦绿色发展模式。丹麦的经验给我们带来的启示是：企业必须秉承绿色发展理念，以保护和完善生态环境为前提，以珍惜并充分利用自然资源为主要内容，以经济、社会、环境协调发展为增长方式，以可持续发展为基本要求，形成绿色发展模式。

我国"十二五"规划纲要首次以"绿色发展"为主题。明确提出："面对日

趋强化的资源环境约束,必须增强危机意识,树立绿色、低碳发展理念,以能减排为重点,健全激励与约束机制,加快构建资源节约、环境友好的生产方式和消费模式,增强可持续发展能力,提高生态文明水平"。党的十八大报告明确提出把生态文明建设与政治建设、文化建设、社会建设一道,纳入中国特色社会主义事业"五位一体"的总体布局。即把生态文明的理念、原则、目标等深刻融入发展主基调,用生态文明理念托起"美丽中国"。生态文明地位的"升格",体现了我们党对生态文明更加重视,对生态发展规律的认识更加深刻,也顺应了时代的要求、民意的呼唤。建设和实现美丽中国是一个系统工程,涉及方方面面。美丽中国的实现离不开市场经济活动的主体——企业。

企业是社会主义经济建设的实践者,是实现美丽中国的建设者。在当前的形势下,企业必须要正确处理经济发展与环境保护的关系;要尽快改变目前现实生活中存在的重经济增长轻环境保护,以及单纯依靠行政手段来保护环境的倾向;要真正使环境保护融入经济发展之中,并且体现为企业发展目标、制度设计。中国企业要能适应国内外不断变化的环境,就必须改变不协调、不和谐、不可持续的经济发展模式,实现绿色经济发展,需要不断探索具有中国特色、具有本地特色、具有本企业特色的绿色经济发展道路。绿色发展是一套全新的价值观和发展理念。我们一直在不断探索处理人与自然的关系,从"尊重自然、顺应自然到保护自然"的理念,再到"绿色发展、低碳发展、循环发展"的路径,但现在需要把处理人与自然的关系上升到一个更高的高度,即实现人与自然和谐共生。

"十二五"规划纲要颁布以来,各地企业都在深入学习、研究、探索适合于不同区域、不同企业的绿色经济发展模式,致力于培养自己的"绿色领导力",坚持企业的绿色生产、倡导顾客的绿色消费、坚持品牌的绿色发展,也取得了一些成绩和积累了一些经验。企业凭借十八大把生态文明融入发展主基调的契机,吸纳国内外绿色发展模式的经验教训,开辟绿色经济发展模式多元化道路。第一,坚持把突破资源能源约束、提高发展效率作为发展绿色经济的重要着力点。中国的绿色经济不仅要追求自身发展,避免走高消耗、高污染、高排放的"三高"老路,而是要充分利用独特的绿色增长机遇和技术、制度的后发优势,实现跨越式发展。第二,坚持把倡导绿色消费作为绿色经济发展的重要推动力。绿色消费理念的确立,有利于推动绿色经济的发展。公众对于食品安全、绿色消费等需求的不断增强,在一定程度上"倒逼"商品和服务供给的绿色化。发展绿色经济,需要以绿色消费为前提,同时也是促进生产方式转变的根本动力。第三,坚持把共享发展成果和增进人民福祉作为绿色经济发展的根本出发点和落脚点。绿色经济发展模式优先关注人类的健康与福祉,减少人类活动对环境的损害,充分认识原生态系统和人工生态系统提供的服务功能和价值,并通过不断创新和高效管理相结合获取新的绿色经济增长点。这就需要我们不断增加人力资本、减少消耗自然资本来实现绿色经济发展,强调把主要的资本投资在 10 个资源节约和环境友好的领域,包括可再生能源、工业效率、绿色建筑、绿色交通、旅游、废弃物处理以及农业、渔业、水资源、森林等。

参考文献

[1] 诸大建. 绿色经济新理念及中国开展绿色经济研究的思考 [J]. 中国人口·资源与环境,2012,(5):41-42.

[2] 胡鞍钢. 中国式绿色发展的重要途径 [J]. 生态环境与保护,2012,(7):93.

[3] 李义平. 创新驱动与转变经济发展方式 [N]. 光明日报,2012-11-16 (11).

[4] 中国共产党新闻网 中共十八大系列网评. http://people.com.cn.

(原载《中国人口·资源与环境》2012 年专刊)

绿色科技创新与绿色经济发展

科技是第一生产力，创新是第一动力。党的十八大以来，党中央把创新列为五大发展理念之首，对于科技创新的重视程度前所未有。"十三五"规划明确指出，截至2020年，"我国国家综合创新能力世界排名要从目前的第18位提升到第15位"，"科技进步贡献率从目前的55.3%提高到60%"，"研发投入强度从目前的2.1%提高到2.5%"。[1]我国推进科技创新的速度是前所未有的。只有科技创新，才能给中国的绿色发展带来更广阔的空间。中国必须以科技创新来支撑绿色发展。

一、21世纪的绿色经济发展与绿色科技创新

绿色经济和绿色发展是21世纪人类文明演进与世界社会发展的大趋势。发展绿色经济、实现绿色发展是全人类的共同道路。科技创新引领经济发展新常态，绿色经济发展依靠绿色科技创新。

（一）绿色经济发展依靠绿色科技创新

党的十八届三中全会通过的《中共中央关于全面深化改革若干重大问题的决定》（简称《决定》）指出，"要深化科技体制改革"，并指出了国家实施创新驱动发展战略的制度安排。"'创新驱动发展战略'为我国经济发展方式的转变提供了战略支撑，为实现绿色经济发展提供动力来源。"[2]发展绿色经济离不开绿色科技创新。"所谓绿色科技，是指有助于保护人类健康和人类赖以生存的环境，减少生产和消费中的外部成本，以促进经济可持续发展为核心内容的科技。它包括新能源的开发利用、环境工程技术、废物利用技术、绿色生产技术等节约资源、避免和减少环境污染的科学技术。而绿色科技创新是指建立在绿色科技基础之上，符合可持续发展需要的一种科技创新，它既有改善生态环境，提高人类健康生活质量的社会效益，又有获得潜在利润的经济效益；既是一项使绿色科技成果商品化的经济活动，又是使绿色科技成果公益化的社会活动。绿色科技创新所

追求的经济、社会、环境效益的统一；企业、政府、公众、科研机构等的参与；科技、经济、社会、环境的有效协调，拟生态学的循环系统运作都是可持续发展得以实现的重要依靠和保证。"[3]

绿色经济发展与绿色科技创新是相互促进、相互支撑的。只有依靠绿色科技创新，才能推动产业向价值链中高端跃进，提升经济增长的整体质量；才能培育世界市场竞争优势，使我国经济发展的空间更加广阔；才能突破资源环境的约束，增强发展的可持续性。绿色发展不仅是中国发展的方向，也是世界发展的方向。我国已经到了必须更多依靠绿色科技创新，引领、支撑经济发展的新阶段。[4]我国未来科技发展的方向是创新、创新、再创新。要想占领未来创新制高点，就必须增强自主创新能力，破除创新的体制机制障碍，激发科技作为第一生产力的巨大潜能。[5]因此，只有培育和增强我国自主创新能力，大幅提升我国绿色科技水平，才能以更快的速度、更低的成本推动我国经济的绿色转型。

（二）绿色科技创新的新模式为绿色经济发展注入新动力

生态文明时代的绿色经济发展新时期，绿色科技创新的新模式是大众创业、万众创新。推进大众创业、万众创新，是激发全社会创新潜能和创业活动的有效途径。[6]中国经济增长的潜力远没有发挥出来，绿色经济发展可以成为经济增长的新动力，但必须要依靠绿色科技创新。绿色科技创新是破解我国严峻资源环境危机的必然要求，能够为发展注入新的动力。绿色科技创新不仅注重经济增长，同时也关注资源节约和环境保护，关注社会进步和人的生存与发展。

伴随着信息和通讯技术的日新月异，知识流动的物理瓶颈和社会边界被打破，创新不再是高知识积累群体才能完成的工作，而是走进了大众创新的时代。简单理解，大众创新相当于人们常说的"人民群众的伟大创造"。用网络语言来说，就是草根创新。其特点主要表现在：一是大众创新正在从精英转向大众"新四军"成主力。其内容包括：年轻的大学生开始创业；出国留学回来的创业人员；企业的高管和连续创业者；在大学、研究所里从事科技的科研人员创业。这"四路"力量汇合在一起与以前的草根创业相比已经发生了非常大的变化。[7]大众创新是关注来自民间、个人等草根组织的创新，特别是让广大人民群众参与创新过程，是提高企业创新效率的关键。二是以生产者为中心的创新模式正在向以用户为中心的创新模式转变，创新正在经历从市场范式向服务范式转变的过程。[8]

中国的小米、海尔等企业的成功实践有利地揭示了大众创新的威力。小米公司以论坛为基础，以舆论领袖或发烧友为核心筛选出的大众创新团队实现了惊人的发展。有关研究数据显示，小米手机销售量在2015年为中国第一名。2015年小米公司销售小米手机7000万台，销售数量市场占比在15%左右。[9]依靠大众创新小米公司已成为中国乃至全球成长最迅猛的企业。除了小米公司外，海尔集团是目前中国实施大众创新模式最为彻底和全面的企业。海尔集团于2009年成立了海尔开放式创新中心，致力于全球研发资源整合、颠覆传统的研发模式，以开放式创新的方式为集团提供即需即供的资源支持、支撑海尔产品的第一竞争力、提升海尔品牌形象及全球美誉度。海尔让用户、员工、大学师生等参与创意设计、技术开发、让投资者参与新事业的创立和发展，以及随之形成的创客实验平台、创新生态体系，使得这家传统的家电制造业企业实现了创意、创新、创业与创投的高度融合。创新已然成为海尔所有梦想的内在源泉。他们平均每天开发1.7个新产品，每天申报2.7项新专利。[10]海尔集团依据更为完整的大众创新模式，焕发出强大的技术创新活力和潜力。

二、绿色科技创新面临的障碍

目前，我国绿色科技创新遇到诸多障碍，导致我国绿色创新技术落后，从而阻碍了绿色经济发展的进程。

（一）创新企业没有成为市场主体，科技体制落后

在我国创新企业没有成为市场的主体，金融机构缺乏对创新企业的支持，年青学生们的创新热情自然就不会高，自然缺乏创新的主动性和积极性。更多人热衷于寻找安全稳定的"铁饭碗"，大学生当公务员的热情远高于从事实业的热情。[11]我国为什么难以形成以企业为主体的科技体制呢？一是思想观念存在问题。长期以来，人们认为科技创新是科研机构、高校等教学科研人员和科学家的事，科技创新尚未放在企业突出的位置。近年来，企业逐渐意识到竞争就是科技的较量，也就越来越重视科技创新，但与发达国家的企业相比差距还很大。二是企业自身的技术创新能力很弱，2/3以上的大中型企业没有建立技术开发机构。三是机制政策方面存在一定局限。有利于企业自主创新的技术进步机制尚未形成、企业缺少不断创新的动力和压力，科技人员开发创新的积极性还没有充分发挥出来。四是企业创新的外部环境不理想。产权制度不明晰、知识产权保护制度不完善、中小企业创新融资难、创新的协同环境差等。[12]"中国经济每一回破茧成蝶，靠的都是创新。创新不单是技术创新，更包括体制机制创新、管理创新、模式创新。"李克强总理说，"中国30多年来改革开放本身就是规模宏大的创新行动，今后创新发展的巨大潜能仍然蕴藏在体制改革之中。"[13]因此，加快科技体制改革势在必行。

（二）制度供给不足，没有形成协同创新机制

1. 绿色科技创新资源分散，没有形成协同创新机制。我国绿色科技创新的投入和管理部门分散在科学技术部、环境保护部、国家发展和改革委员会、工业和信息化部、国土资源部、财政部、国家自然科学基金委员会等部门。不同部门投入的创新资源零零散散地分布于大型企业、高校和科研院所，存在交叉重复、统筹协调困难、资源使用效率不高等问题，没有形成系统的有效率的绿色技术创新协同机制。

2. 保护绿色科技创新的产权制度供给不足。要让企业真正成为创新主体，必须建立明晰的产权制度。只有这样，企业才能真正成为绿色技术创新的决策者、投资者、风险承担者，也是利益的获得者。目前世界上大多数绿色低碳核心技术的知识产权都掌握在欧美等发达国家手中，从而轻而易举地占据了全球绿色低碳经济市场的制高点。我国不仅需要花费巨资，购买大量的欧美国家的绿色低碳技术装备，而且技术遭到了知识产权壁垒和绿色壁垒，需要为一些节能减排技术和低碳技术支付巨额的专利费，这不仅制约了我国绿色产业和绿色经济发展，而且还因缺乏知识产权使绿色技术创新主体的权益得不到保障，甚至激发不出企业绿色技术创新内在动力。

3. 绿色技术验证制度供给不足。环境技术验证制度通过对具有商业化潜力的创新环境技术进行第三方科学、公正的测试和评价，获取环境技术的性能数据和技术特征，编制技术验证报告，供技术的潜在购买者在进行决策时参考。经过认证的技术较容易得到社会的认可，能够有效地推动绿色新技术的市场化。目前，我国还没有建立环境技术验证制度，对绿色技术的验证和评价主要是通过召开专家评审会或函审的形式进行，且以定性评价为主，评价结果的客观性和公正性受到影响。[14]

（三）企业创新能力不足，缺乏创新型人才

企业研发力量薄弱，创新能力不足。大多数企业不愿大力投资绿色科技创新。不管是清洁技术创新还是绿色产品开发，技术投资和运行费用都极其昂贵。由于绿色技术的高风险性和低回报率，绿色技术创新在资金筹集上会遇到很大困难，这就需要各方面资金的大力支持。资金短缺是发展中国家面临的普遍问题。有的企业对绿色科技理解还不是很深入，缺乏绿色科技创新的动力。由于绿色科技是一种与生态环境系统相协调的新型的现代技术系统，开发需要的费用昂贵，开发周期比较长。而且大多数中小企业没有能力进行基础研究和应用研究，这就导致企业缺乏绿色科技创新的动力。

企业家和企业创新能力的提升幅度还远远不够，缺乏各种类型的创新型人

才,技术创新驱动经济发展的作用仍显不足,创新资源分散、创新效率不高等等。从目前我国企业的总体来看,普遍存在着创新动力不足、创新能力不强,特别是制度创新水平和能力较低。为此,中国从创新大国走向创新强国的关键在于提升创新战略、培育创新能力、培养创新人才以及整合创新资源。

三、推进绿色科技创新的对策

中国企业的科技创新已经取得了一定的成效,但企业绿色科技创新的实施还存在着体制和制度等方面的障碍。因此,深化科技体制改革,建立健全创新驱动发展的体制机制,建立绿色创新投融资机制和搭建绿色产业化平台,才能推进绿色科技创新。

(一)深化科技体制改革

高效率的科技体制是以企业为主体、市场为导向、产学研结合。这是我国的科技体制改革的目标之一。要实现这一目标,要从以下几方面做起:

1. 注重发挥政府的公共服务职能。政府要通过深化改革、转变职能、加强监管,加快制定公共政策、搭建公共平台、提供公共服务,营造助推"大众创业、万众创新"良好生态环境。[15]政府必须加大简政放权力度,给企业松绑,营造宽松的环境。政府必须带头自我革命,要拿出完整的"权力清单"。加快政府职能角色的转变,增强政府的服务功能,为市场竞争提供更多更好的制度环境,使"草根"创新蔚然成风、遍地开花。政府要实施积极的创新人才引进政策,使较多的具有国际视野和领军能力的人才,在创业创新中发挥重要作用。一是通过简政放权转变职能,把该放的放到位,把该管的管到位,用政府权力的减法换取市场活力的乘法;二是通过搭建平台,做好服务,营造良好的创业创新生态环境;三是通过开放资源、创造机会,为创业创新发展提供保障。要推动政府掌握的大量数据资源的开放,为创业者提供数据资源。同时,还要建立重大科技基础设施、大型科技仪器和专利信息向社会开放的长效机制。[16]

2. 加大保护知识产权的力度。实行严格的知识产权保护制度。充分实现专利的市场价值,综合运用各项经济政策和措施,积极鼓励和支持企业、高校和科研院所创造和运用专利等知识产权。完善专利代理等社会服务体系,加快完善专利代理法律制度,营造有利于合法经营、诚实守信、公平有序竞争的法律环境;加强对专利代理等知识产权服务机构的监管、扶持和引导;加强专门人才培养和培育力度;扶持和引导从事专利信息加工、专利战略咨询等社会服务业发展。[17]

3. 加快科技服务业发展。简单来说,科技服务业是围绕创新的全链条来发展的一些新兴业态。其内容主要包括：研究开发和技术转移、检验检测和创业孵化、知识产权和科技金融等等，当然也包括相关业态的综合性服务业。如何促进科技服务业的发展？首先，通过深化改革推动科技服务业的发展，建立和健全市场机制，有序放开市场准入。其次，强化科技服务业的基础支撑体系，积极推进重点实验室、大型科技仪器中心等公共技术平台建设，规范科技服务业的一些标准和分类，以及加强科技统计工作等。再次，加大财税支持的力度。政府加大对科技服务业的支持力度，通过财政、金融、税收等经济杠杆促进科技服务业企业的快速发展。[18]

（二）建立健全创新驱动发展的机制

1. 建立政府主导的外部推进和激励机制。政府必须制定详细的"责任清单"，政府管市场中应该有所为和有所不为，政府努力推进建设公平竞争的市场环境，激发企业成为绿色科技创新的主体。政府对企业应提供税收、融资、信贷等方面的优惠政策，以降低企业绿色创新的成本。政府应通过行政手段和市场手段让企业转变资源价值观，有偿使用资源，促使企业外部成本内部化。企业必须明白只有通过绿色技术创新才能用最低成本代价获得最大收益。

2. 建立健全绿色科技创新的市场导向机制。科技部副部长曹健林在国新办发布会上指出，"万众创业大众创新是一种经济行为，主要靠市场发挥作用"，并表示推动"大众创业、万众创新"，一方面政府要积极引导、大力支持创新创业，另一方面要为创新创业搭建平台，如提供工作空间、网络空间、交流空间等。[19]因此，我们必须着力以下方面的工作：一是建立和完善现代企业制度。明晰产权，使微观企业真正成为市场的主体，成为绿色技术创新的主体。二是积极推进多种形式的产学研联合。完善的生产制度需要协同创新和共享平台。北京碧水源科技股份有限公司就是"产学研用"联合模式创新的典型案例。2012年10月，碧水源联合浙江大学建立的"浙江大学—碧水源膜与水处理技术研发中心"，通过采用产学研用相结合、联盟优势整合以及国际合作多种创新模式，集聚多方面的创新优势，解决"水脏、水少、水不安全"的水环境问题。三是形成要素价格倒逼创新机制。充分发挥市场在资源配置中的决定作用，建立市场价格机制，促使企业从过去"掠夺性"使用资源能源，向依靠创新科学使用资源转变。

3. 建立绿色科技创新投融资机制。建立多元化绿色科技创新投融资机制，促进形成政府、企业、社会多元化、多渠道的绿色科技创新投入格局。一是加大公共财政的投入，减轻企业开展绿色技术创新的资金压力。采用信贷、税收、补贴等经济手段，鼓励企业加大绿色力度。建议在国家科技计划中增加绿色技术创新项目经费比例，可以增设"中国绿色创新计划项目"，用于资助企业、高校、科研院所及创新联盟开展绿色技术研究，并在一些重点前瞻性的研究领域加大资助力度。二是增设"绿色技术示范项目",联合相关部委,开展有可能具有较高的环境和商业潜力,但尚未经过实际检验的绿色技术的示范。比如,万科首个绿色技术示范项目——万科尚玲珑、杭州现代茶园绿色防控技术示范项目、公共机构绿色节能关键技术研究与示范项目、云南楚雄生态优质烟叶生产技术开发与示范研究项目等。三是增设"绿色技术产业化项目",促进具有巨大节能减排和商业化潜力的成熟绿色技术的产业化。比如,"十二五"国家科技支撑计划"轮胎全生命周期绿色制造关键技术与装备研发及产业化"项目,该项目根据轮胎生产和使用方面存在的"三高一低"(高能耗、高排放、高污染、低附加值)问题,以轮胎原材料生产、轮胎制造、旧轮胎翻修为主线,提出一套从工艺、技术、装备到管理的轮胎绿色制造综合优化方案,实现轮胎生产及使用各阶段减少环境影响、降低能量消耗、提高资源利用率。通过该项目的实施,形成了长期稳定的以企业为主体、以高校为基础、以轮胎产业循环经济产业链为目标的产学研合作模式。[20] 四是设立"绿色创新专项补助资金"。该专项资金采取基金、"借转补"、财政金融产品和事后奖补等多种投入方式,吸引金融和社会资本跟进,发挥财政资金放大效应。

(三)创建绿色科技产业化平台

加快创建绿色科技产业化平台,完善技术市场服务体系。绿色科技创新需要不断完善创新企业的孵化器平台,因此,企业必须注重提高研发创新能力。政府加大对此平台的服务功能,通过整合信息、技术、人才等资源,为企业的绿色转型提供服务。大力推动企业实行信息化改造,着力推动产学研相结合,不断提升企业的绿色经济发展水平。大力实施科技创新孵化器平台建设推进工程,加大对企业科技研发的投资,加快企业绿色科技创新平台的建设。加大力度吸引各类科技创新人才,从技术研发到科技管理等全方位提升现有科技创新人才的水平。据有关资料显示,自 2009 年以来,在北京、深圳、武汉、杭州、西安、成都、苏州等创新创业氛围较为活跃的地区涌现出创新工场、车库咖啡、创客空间、天使汇、亚杰商会、联想之星、创业家等近百家新型孵化器。这些新型孵化器各具特色,产生了新模式、新机制、新服务、新文化,集聚融合各种创新创业要素,营造了良好的创新创业氛围,成为科技服务业的一支重要新兴力量。[21]

参考文献

[1] 国务院:《"十三五"国家科技创新规划》,新华网,2016 - 08 - 08,http://news.xinhuanet.com/fortune/2016 - 08/08/c_129213933.htm.

[2] 十八届三中全会. 关于全面深化改革若干重大问题的决定 [EB/OL]. 中国新闻网, 2013 - 11 - 15, http://www.chinanews.com/gn/2013/11 - 15/5509681.shtml.

[3] 李蕊英. 试论政府制定政策法规支持绿色科技创新的发展 [J]. 重庆科技学院学报

（社会科学版），2013，2.

　　［4］李克强在国家科学技术奖励大会上的讲话［EB/OL］．新华网，2014 - 01 - 10，http：//news. xinhuanet. com/tech/2014 – 01/10/c_118916327. htm.

　　［5］习近平在中国科学院第十七次院士大会、中国工程院第十二次院士大会上的讲话［EB/OL］．新华网，2014 - 06 - 10，http：//news. xinhuanet. com/info/2014 - 06/10/c_133395106. htm.

　　［6］国务院关于大力推进大众创业万众创新若干政策措施的意见［EB/OL］．人民网，2015 - 06 - 16，http：//politics. people. com. cn/n/2015/0616/c1001 - 27162352. html.

　　［7］科技部．创业主体从精英到大众形成创业"新四军"［EB/OL］．中国新闻网，2015 - 07 - 09，http：//www. chinanews. com/cj/2015/07 - 09/7394646. shtml.

　　［8］宋刚，张楠．创新2.0：知识社会环境下的创新民主化［J］．中国软科学，2009，(10)．

　　［9］投资界，2016 - 02 - 24，http：//news. pedaily. cn/201602/20160224393644. shtml.

　　［10］海尔集团：锐意创新铸就世界品牌［EB/OL］，中国网，2012 - 11 - 09，http：//news. china. com. cn/txt/2012 - 11/09/content_27063461_2. htm.

　　［11］卢现祥．草根创新、大众创新是经济新动力［N］．湖北日报，2015 - 02 - 09.

　　［12］卢现祥．投资、机制和体制：创新的核心命题［N］．中国科学社会报，2012 - 09 - 10.

　　［13］李克强．要掀起一个大众创业、草根创业的新浪潮［EB/OL］．新华网，2014 - 09 - 10.

　　［14］中国科学院可持续发展战略研究组．2013中国可持续发展战略报告［M］．北京：科学出版社，2013.

　　［15］国务院关于大力推进大众创业万众创新若干政策措施的意见［EB/OL］．人民网，2015 - 06 - 16，http：//politics. people. com. cn/n/2015/0616/c1001 - 27162352. html.

　　［16］发改委：政府应为创新企业清障搭台做好服务［EB/OL］．新华网，2015 - 07 - 09，http：//news. xinhuanet. com/talking/2015 - 07/09/c_1115863474. htm

　　［17］席锋宇．加快完善专利代理法律制度营造合法经营环境［N］．法制日报，2014 - 06 - 24.

　　［18］赵玉海．解读《国务院关于加快科技服务业发展的若干意见》［EB/OL］．中国政府网，2014 - 11 - 18，http：//www. gov. cn/wenzheng/wz_zxft_ft59/.

　　［19］曹健林．发挥市场作用推动大众创业万众创新［N］．中国高新技术产业导报，2015 - 02 - 09.

　　［20］科学技术网站，2014 - 11 - 05，http：//www. most. gov. cn/kjbgz/201411/t20141104_116495. htm.

　　［21］邓淑华．发挥市场作用推动大众创业万众创新［N］．中国高新技术产业导报，2015 - 02 - 11.

（与杜林远合作完成，原载《党政干部专刊》2017年第1期）

探索乡村生态振兴绿色发展路径

2013年4月8日至10日,习近平在海南考察时强调,"良好生态环境是最公平的公共产品,是最普惠的民生福祉。"[1]这一科学论断,阐释了生态与民生的关系,诠释了民生的内涵。习近平后来在很多场合多次讲到农村的生态优势和生态成本问题。乡村生态振兴对于农村生态文明建设起着非常重要的作用,是实施乡村振兴战略的基础和保障。

一、乡村生态振兴的理论支撑

(一)马克思生态文明思想

1. "自然界的优先地位"的科学论断。马克思多次申明自己的唯物主义立场,完全承认和坚持自然界对于人类的优先地位的不可动摇性。他在《1844年经济学哲学手稿》《德意志意识形态》等书中明确提出了"外部自然界的优先地位"。[2]P50自然界对于人类的优先地位"既表现在自然界对于人及其意识的先在性上,也表现在人的生存对自然界本质的依赖性上,更突出地表现在人对自然界及其物质的固有规律性的遵循上。"而"人的目的的每一次实现恰恰都是人遵从了自然及其规律"[3]P50-53。因此,生态应该也必须优先,这是生态在人类实践活动中享有优先权的一种内在的、本质的必然趋势和客观过程,是不以人们意志为转移的客观规律。当今人类文明正在迈入生态时代,生态优先已经成为现代人类实践活动中享有优先权的一种内在的、本质的必然趋势和客观过程。所以,我们完全可以说,生态优先规律不仅是(或应该是)经济系统运行的基本规律,而且也是(或应该是)人类处理与自然关系的最高法则。[4]因此,现代人类实践活动就应该也必须首先遵循生态优先规律;一切经济社会活动都要根据生态系统安全优先的原则,构建自己生存和经济社会发展的生态安全体系。

2. 人与自然和谐统一理论。人与自然和谐统一理论是马克思论证人与自然相互关系学说的核心。它包括两层含义:一是人与自然的统一性,这就是人与自然的内在统一；二是人与自然的和谐性，用现代术语来说，就是指人与自然相互依存，协调发展。[3]P182 根据马克思的论证观点，之所以强调人与自然之间关系的统一，就在于这种统一的基础是自然界，自然界是人类存在和发展的前提条件，整个社会存在和发展的必要前提；还在于人对自然界的实践活动，离开了人的实践活动，离开了自然界这个生态基础，人类文明就不可能存在，根本就谈不上社会经济的发展。从马克思对人、社会、自然相互关系的论述中，我们可以看出，人与自然生态环境和谐统一的发展关系，是"人—社会—自然"复合生态系统有机整体发展的一条主线。马克思明确指出"人与自然的统一性"，"这种统一性在每一个时代都随着工业或快或慢的发展而不断改变"[2]P49。

因此，我们经济社会实践活动中，必须把生态优先规律作为人在改造和利用自然环境时所遵循的最高准则，放在现代人类生存和发展的首要地位。我们必须遵循马克思的生态学思路认识和处理人、社会、自然的发展关系，克服目前人与自然的一切不和谐因素，实现人与自然和谐统一、生态与经济协调发展。

（二）习近平生态文明思想

以习近平同志为核心的党中央遵循马克思主义辩证唯物主义思想和处理人、社会、自然的发展关系，继承和发展马克思"自然界的优先地位""人与自然和谐统一"的光辉思想，认识到人类是自然的组成部分，我们必须尊重自然、顺应自然、保护自然。习近平在多种场合多次讲话中，用非常形象的比喻来论述生态环境："公共产品""绿水青山""环境就是民生""生命共同体""眼睛"和"生命"。我们从中体会到，每一种形象的表达都包含着生态意蕴和生态经济学阐释，认识到生态在人类实践活动中的重要性。

生态兴则文明兴，生态衰则文明衰。习近平明确指出："你善待环境，环境是友好的；你污染环境，环境总有一天会翻脸，会毫不留情地报复你。这是自然界的规律，不以人的意志为转移。"[5] 顺自然规律者兴，逆自然规律者亡。人类文明要想继续向前推进持续发展，就必须要正确认识人与自然的关系，解决好人与自然的矛盾和冲突，并将其置于文明根基的重要地位。在文明进步中，什么时候生态被牺牲掉了，生态危机就出现了。生态危机是人类文明的最大威胁。要走出生态危机困局，就必须排除经济发展遭遇的阻碍，寻找一条新的发展道路，而这条道路，正是生态文明建设之路。只有大力推进生态文明建设，提高生态环境质量，夯实生态文明基础，满足人们群众的基本生态需求，真正意义的全面小康才能得到实现。

保护生态环境就是保护生产力。习近平特别强调："我们既要绿水青山，也要金山银山。宁要绿水青山，不要金山银山，而且绿水青山就是金山银山。"[6] 强调必须把生态环境保护摆在更加突出的位置，坚决抵制任何以牺牲环境为目的的不可持续发展行为。需要意识到，保护好生态环境，就是保护好人类自己，只有人类的自身生存和发展得到了保障，生产力才会得到提升。因此，在发展生产力的过程中把生态环境这一核心要素重视起来，尊重自然生态的发展规律，更好地发展生产力，最终实现人与自然和谐发展、经济可持续发展的长远目标。

良好的生态环境本身就是生产力。社会的现代化发展使人民的物质生活水平得到极大丰富，对良好的生态环境的要求也更加迫切。良好的生态环境是最公平的公共产品，蓝天白云、绿水青山是民生之基、民生所向，是最普惠的民生福祉。良好的生态环境就是发展后劲，就是核心竞争力。生态环境是影响生产力结构、布局和规模的决定因素之一，直接关乎生产力系统的运行效益。通过适当的途径将良好的生态环境这一要素商品化，就可以将生态环境转换成实实在在的财富。所以说，良好的生态环境本身就是生产力，经济发展和碧水蓝天兼得，是实现中华民族伟大复兴中国梦的重要内容。

建设生态文明就是发展生产力。只有夯实生态文明的基石，保护好环境，才能解决生产力可持续发展中处于关键地位的资源要素问题，以循环经济的驱动力打破经济社会发展瓶颈。同时，绿色化的生产生活方式也在倒逼和助推解决产业结构转型升级。习近平强调，生态建设的推进，不仅改变了经济发展方式，更深刻变革了传统的思想观念。我们不仅要摆脱贫穷，更要保护好生态环境，把蓝天白云、青山绿水作为持续发展的基础保障。牢固树立绿水青山也是金山银山理念，推进绿色、循环、低碳与生态文明相匹配的发展方式。

习近平关于生态环境、生态与民生、生态与社会、生态与经济的关系等讲话、论述，都包含了生态发展优先的原则、人与自然和谐统一关系。因此，我们一切都应该围绕"生态优先"改善生态环境而发展，使经济发展建立在生态环境资源的承载力所允许阈值的牢固基础之上。在乡村振兴战略的实施中，必须坚持走生态优先、绿色发展道路，通过生态振兴引领乡村振兴。

二、生态振兴是乡村振兴的重要基础

生态（Eco-）一词源于古希腊 oikos，原意指"住所"或"栖息地"。指生物在一定的自然环境下生存和发展的状态，也指生物的生理特性和生活习性。简单来说，生态就是指一切生物的生存状态，以及它们之间和它与环境之间环环相扣的关系，亦即自然生态。生态学最早也是从研究生物个体而开始的。如今，生态学已经渗透到各个领域，人们常常用"生态"来定义许多美好的实物，如健康的、美的、和谐的均可冠以"生态"修饰。而作为生态和产业重要载体的农业农村，越来越体现着突出的地位。农业农村是一个完整的自然生态系统。尊重自然规律，科学合理利用自然资源进行生产，既能获得稳定农产品供给，也能很好地保护和改善生态环境。

经济必须归属于生态。经济是地球生态的子系统，只有尊重生态原理所形成的生产方式和生活方式，才能维系生态永续不衰，才能使经济持续进步。人类社会的可持续发展只能以生态环境和自然资源的持久、稳定的支撑能力为基础。世界文明发展史告诉我们，生态在社会文明发展中具有重要地位。它反映了人与自然之间的和谐。生态文明建设是指人类在利用自然、改造自然的过程中，积极改善和优化人与自然的关系。保护自然就是保护人类自己。没有良好的生态环境，就没有永续发展。从这个意义上来说，生态振兴是乡村振兴的基础。没有生态振兴，没有优良的生态环境，就不能满足人们对美好生态环境的需求，乡村振兴只能是一句空话。

乡村生态振兴的重要性认识。习近平非常重视"生态""生态环境"问题，他在2018年全国"两会"期间明确提出"乡村产业振兴、乡村人才振兴、乡村文化振兴、乡村生态振兴、乡村组织振兴的科学论断"[7]。"五个振兴"是习近平对实施乡村振兴战略的最新阐释，明晰了乡村振兴战略的任务书和路线图。这五个方面的振兴，是紧密关联、相互影响、不可分割。我们认为，在乡村振兴的"五大振兴"中，尤其要把生态振兴放在极其重要的位置。生态振兴不仅是乡村振兴的重要基础，而且是乡村振兴的有力抓手，只有乡村生态振兴了，乡村生态环境改善了、环境变优良了，才有利于乡村的整体振兴和发展。乡村的产业振兴、人才振兴、文化振兴和乡村组织振兴都离不开生态振兴。唯有进一步深化对生态振兴重要性的认识，以生态文明绿色发展助推乡村振兴，我们才会有更全面、更高质量的乡村振兴。

乡村生态振兴的意旨是要保护农村生态环境，坚持农业绿色发展。习近平指出，"推进农业绿色发展是农业发展观的一场深刻革命"[8]。农业的本色是绿色，因此，乡村振兴必须坚持生态优先、保护好自然资源和生态环境，乡村振兴必须以绿色发展为导向。农业绿色发展在乡村振兴战略中具有全新的、更加宽广的内容。新时代对绿色发展提出了高要求，也赋予了绿色发展新使命。中共中央办公厅、国务院办公厅印发的《关于创新体制机制推进农业绿色发展的意见》（下称《意见》）中对农业绿色发展赋予了新的内涵。《意见》指出，"农业绿色发展是建立以绿色生态为导向的制度体系，基本形成与资源环境承载力相匹配、与生产生活生态相协调的农业发展格局，努力实现耕地数量不减少、耕地质量不降低、地下水不超采，化肥、农药使用量零增长，秸秆、畜禽粪污、农膜全利用，实现农业可持续发展、农民生活更加富裕、农村更加美丽宜居。"[9]这与十九大报告中提出的"产业兴旺、生态宜居、乡风文明、治理有效、生活富裕"的乡村振兴战略总体要求相一致。除此之外，乡村生态振兴在绿色发展的语境里，可以归纳为三点核心内容：干净一点（乡村污染治理、厕所革命）、方便一点（乡村基础设施建设）以及看得见乡愁（旅游、康养和文化产业开发）。因此，我们必须也应该遵循因地制宜原则，制定生态规划、提高生态认识、强化生态治理、加强生态保护。坚持人与自然和谐共生，大力推进绿色发展，以绿色发展破除不平衡、不充分发展导致的环境问题，从理念到行动、从过程到结果对传统发展模式进行"绿色化"改造。在乡村振兴中，乡村既要生产物质产品，也要生产天蓝水绿山清的生态产品。

因此，必须以生态振兴促乡村振兴。努力将生态资源变成生态资本，变成老百姓"看得见、摸得着"的现实财富，让老百姓在乡村振兴中获得实实在在的好处。通过提供更充足的绿色生态产品、绿色服务发展乡村经济，促进两者之间的良性循环。

三、推动乡村生态振兴绿色发展的着力点

乡村本身是一个生态系统，人山水林田湖草是一个生命共同体，通过各子系统、各要素本身特点，激活山水林田湖草的生态涵养功能，并逐步延伸其旅游休闲功能。在实施乡村振兴战略的过程中，加深对乡村生态振兴绿色发展的理解和认识，改变自然界没有价值的观念，树立绿水青山就是金山银山的理念，大力推进生态文明建设和绿色发展，不断满足人民日益增长的新需求、新期待。

（一）立足生态抓发展

生态经济是一种全新的经济生活模式，是以生态平衡为出发点、追求生态效益、保障生态与经济和谐发展的经济形式。其本质在于把经济发展建立在自然环境可承受的基础之上，经济再生产能力不能超过自然再生产能力，在此基础上实现经济发展和生态保护的"双赢"。农村经济在本质上是生态经济，生态经济是农村经济的根本特征，也是农村经济的优势所在。打足绿色发展的"组合拳"，加快生态与旅游、生态与康养、生态与文化产业开发，突出融合发展。

1. 生态和产业要融合。农村基本依托绿水青山发展产业，两者相辅相成。一旦缺少生态资源的依托，产业发展就会成为无源之水，而没有产业作为发展的支撑，生态保护和系统稳定也将难以持久。因此振兴乡村既要产业生态化也要生态产业化。一是强力推进传统产业的生态化改造。实现乡村生态振兴，生产要生态，产业要生态。要把良好生态的功能和价值传递给农民，使其在农村经济发展中注重生态保护和环境污染治理，在规划产业时遵循资源节约、物质循环、生产过程低碳的生态理念，自觉以生态的立场、生态的标准、生态的路径进行产业实

践。通过激活乡村生态经济体系，适度推动乡村生态功能的产业化。努力使产业结构变"轻"、经济形态变"绿"、发展质量变"优"。二是要做大做强生态产业。坚持生态主导、科学开发的方针，精心保护、修复和提升生态功能。以生态规划为引领，以绿色发展为导向，加快形成"产地生态、产品绿色、产业融合、产出高效"的生态经济发展模式。打造绿色生态环保的乡村生态旅游产业链，充分挖掘乡村在历史、文化传承等方面的潜力，让广大农村的生态资源变成城乡都能接受的生态产品和生态服务，把农村农业的生态价值充分释放出来。

2. 生态和旅游要融合。乡村具有城市无可比拟的生态资源。生态资源不仅具有生态功能，还具有经济价值，由此，我们不能将它们当做免费使用的自由物品，而要视作宝贵的生态经济资源。生态资源的生态价值是指维持人类社会赖以生存和活动的生态环境的功能，突出表现为生态服务的功能。通过挖掘和开发旅游经济、民宿经济，使生态资源的生态价值可以转化为经济价值，形成社会收益。在生态文明的新时代里，人们对"健康、愉快、长寿"的欲望越来越强烈。旅游的主旋律也发生了变化，表现出两个特点：一是重视观光、休闲、度假；二是旅游与养生、养老、体育、文化、农业并行。因此，我们通过以自然生态资源为基础发展生态旅游，以生态产业为基础打造生态乡村。一方面，美好的生态环境在大力发展中得到保护，另一方面，农村居民偏差的生活环境在物质生活提高时得到完善。让乡村富起来、强起来，美起来，真正达到了乡村振兴的战略目标。真正做到"生态惠民、生态利民、生态为民"。

（二）推行绿色生产方式和生活方式

乡村振兴战略实施的重点之一就是推行绿色发展方式和生活方式。绿色发展方式和生活方式也是推动乡村生态振兴的关键因素。随着绿色发展理念不断深入人心，保护环境、呵护绿色成为广大乡村干部群众的行动自觉，加快补齐生态短板是全面实现小康社会面临的挑战，发展是解决当前问题的基础，质量好、效益高是新时代发展的新要求。绿色发展包括绿色生产和绿色消费，涉及社会生活的各个方面。因此，在乡村振兴中，必须倡导绿色发展，奋力推进绿色发展。为此，我们必须坚持节约优先、保护优先，树立人与自然和谐相处的生态原则。

1. 坚定尊重自然、顺应自然、保护自然的信念。只有坚信尊重自然的发展道路才是有前途的发展道路。人类与自然是平等的，人类不是自然的奴隶，人类也不是自然的主宰者。人类不能凌驾于自然之上，人类的行为方式应该符合自然规律。只有树立这样的理念原则并为之付出行动，合理的开发、保护利用自然资源，自然才能给予我们相同的回报和馈赠。在实施乡村振兴战略中，必须积极反思和调整人类自身行为，人类尊重了自然，才能得到自然的尊重。

2. 坚持节约优先、保护优先、自然恢复为主的方针。坚持节约优先，就是在资源上把节约放在首要位置，着力推进资源节约和高效利用，提升资源的单位产出；保护优先，就是在环境上把保护放在首位，加大环境的保护力度，始终坚持预防为主，综合治理的方针，减少污染物的排放，改善环境质量；自然恢复为主，就是在生态上将人工建设为主转向自然恢复为主，加大环境自身的修复能力，做到从源头出发，保护生态环境。

3. 坚持人与自然和谐共生的生态原则。马克思、恩格斯认为，人与人的关系同人与自然的关系、人与人的和谐同人与自然的和谐有着高度的统一性。习近平提出的"人与自然是生命共同体"的论断以及"坚持人与自然和谐共生"基本方略，是对马克思主义生态文明思想的继承、创新和发展。"人与自然和谐共生"，追求的是人类实践活动及人类经济社会发展不能超越自然界生态环境的承载能力保护生态系统运行的生态合理性。保护生态环境就是保护生产力，改善生态环境就是发展生产力。让绿水青山源源不断带来金山银山，实现良好的经济效益、社会效益与生态效益，实现人与自然和谐共处、和谐发展。

（三）优化人居生态环境

乡村振兴战略中的重要任务之一是生态宜居。生态宜居凸显的是"生态"，一片蓝天白云、繁星闪烁、清水绿岸、鱼翔浅底的美丽景象。要实现乡村生态振兴，我们必须做出以下努力。

1. 搞好功能区的生态规划。一是科学制定村庄布局规划和建设规划，突出抓好村庄布点、新村建设和旧村改造规划，并能与土地利用总体规划、农村土地综合整治规划、农村住房改造建设规划相衔接。对村庄河道进行生态化整治，对道路提档升级，对农户房屋进行整理规划，对村庄进行绿化，让村民有个舒适的居住环境。二是立足新时代我国生态宜居乡村建设新要求，科学设计生态宜居乡村建设路径。以实施重大建设工程与重大行动为抓手，坚持绿色创新和重点突破，不断探索生态宜居乡村建设模式，着力打造农民集中居住区、公共服务功能区、绿化景观休闲区和特色产业园区，建设美丽生态宜居乡村。

2. 大力推进山水林田湖草系统治理。尊重自然系统的自身发展规律，统筹考虑自然生态各要素、山上山下、地上地下、陆地海洋以及流域上下游，进行整体保护、宏观管控、综合治理。全面加强农业污染防治，实施农业节水行动，强化湿地保护和修复，推进轮作休耕、草原生态保护和退耕还林还草的顺利进行，形成资源有效节约，环境得到保护的空间格局。使乡村的产业结构、生产方式、生活方式朝着绿色发展的方向顺利进行。

3. 加强农村生态环境综合治理工程。一是进行公厕生态建设。"厕所"是衡量文明的重要标志。小厕所，大民生。农村厕所是乡村生态振兴中的短板。改善厕所卫生状况直接关系到国家人民的健康。"厕所革命"应遵循因地制宜的原则来推行无害化卫生改厕模式,实现粪便无害化处理和资源化利用。建设和维护公厕生态环境也是在为我们自己创造财富,增加生态收入。二是开展农村和村庄环境综合整治。按照布局合理、设计科学、风格独特的要求,加强农村居住地景观环境建设,构建以自然村为单位的资源循环利用体系,实现家居环境清洁、资源高效利用和农业生产无害的生态型农庄。积极开展农村生态环境综合治理。切实改善农村生态环境,使农村的路更宽、天更蓝、水更清、地更绿。

参考文献

[1] 习近平在海南考察时强调:加快国际旅游岛建设 谱写美丽中国海南篇 [N]. 人民日报, 2013 - 04 - 11.

[2] 马克思恩格斯全集:第 3 卷 [M]. 北京:人民出版社, 1960.

[3] 刘思华. 生态马克思主义经济学原理(修订版) [M]. 北京:人民出版社, 2014.

[4] 刘长明. 生态是生产力之父——兼论生态优先规律 [J]. 文史哲, 2000 (3).

[5] 浙江省委书记习近平:不惜用真金白银还环境债 [N]. 人民日报, 2005 - 04 - 15.

[6] 杜尚泽, 丁伟. 弘扬人民友谊 共同建设"丝绸之路经济带" [N]. 人民日报, 2013 - 09 - 08.

[7] 扎扎实实把乡村振兴战略实施好——六论学习贯彻习近平总书记在山东代表团关于乡村振兴的讲话精神 [N]. 农民日报, 2018 - 03 - 15.

[8] 全面推进农业绿色发展这场深刻革命 [N]. 农民日报, 2017 - 10 - 01.

[9] 中共中央办公厅、国务院办公厅印发的《关于创新体制机制推进农业绿色发展的意见》[EB/OL]. 中华人民共和国中央人民政府网, http://www.gov.cn/zhengce/2017 - 09/30/content_5228960.htm, 2017 - 09 - 30.

(与赵路合作完成,原载《中国井冈山干部学院学报》2019 年第 1 期)

长江经济带产业绿色发展水平测度及空间差异分析

长江经济带是中国经济体量最大、生态资源最盛、发展潜力最强的经济地带，也是我国生态文明建设的先行示范带、创新驱动带，在推动我国经济高质量发展方面承担着重要作用。党的十九大报告指出，长江经济带建设将成为中国发展的三大新引擎之一，要继续以共抓大保护，不搞大开发为导向，推动长江经济带发展。2018年4月，习近平总书记在武汉召开深入推动长江经济带发展座谈会，强调建设长江经济带要推动绿色产业合作，深入实施创新驱动发展战略。在经济发展新阶段和新形势下，长江经济带高质量发展所面临的严峻挑战是资源环境问题，而产业绿色发展是破解长江经济带资源环境约束的重要突破口。那么长江经济带产业绿色发展水平如何？不同区域之间是否存在空间关联性？应从哪些方面加快其产业绿色发展进程？为解决上述问题，需要构建科学的产业绿色发展评价指标体系，并在此基础上进行空间相关性分析，最终为提升长江经济带产业绿色发展的协调可持续性提供重要理论参考。

一、文献综述

进入生态文明新时代，中国经济已经由高速增长阶段转向高质量发展阶段，正处在转变发展方式、优化经济结构、转换增长动能的攻关期。绿色发展是解决生态与发展问题、推动经济高质量发展的"金钥匙"，新的时代就是绿色发展时代[1]。绿色发展这一概念起源于生态经济[2]和绿色经济[3]等相关论述，其本质是建立并形成经济、自然、社会协调一体的交互机制[4]。绿色发展是对传统工业化发展模式的根本性变革，是新时期最科学合理的人类社会发展模式[5]，而产业绿色发展是从产业层面对绿色发展的响应。归纳现有文献，不难发现，关于绿色发展问题，不同学者从不同层面、运用不同方法进行了广泛研究。

（1）绿色发展指标体系构建及测算评判。目前，经济合作与发展组织

(OECD)国家、联合国环境保护署等机构以系统理论和方法为指导原则构建的绿色经济指标体系具有代表性,国家发展改革委、国家统计局、环境保护部、中央组织部于2016年制定了《绿色发展指标体系》,该体系包括7个指标层共计56个绿色发展指标,为各省、自治区、直辖市考核生态文明建设提供依据。另外,北京师范大学、西南财经大学等高校从经济增长绿色度、资源环境承载潜力和政府政策支持方面进行综合考量并建立绿色发展监测与测算指标体系,能够较全面评价区域或地区整体绿色发展水平。其中,李琳等[6]以该指标体系为参照,构建了相同指标层的区域产业绿色发展指标,评价中国区域产业绿色发展水平,蔡绍洪等[7]构建包含经济、资源、生态因素的3个层次指标,并运用该指标对西部12省市绿色发展水平进行评判,张欢等[8]以绿色美丽家园、绿色生产消费、绿色高端发展3个层次构建了湖北省绿色发展指标体系,并运用熵权法测算13个市州的绿色发展水平。

(2)产业绿色发展指标构建及评判。绿色发展评价体系多倾向于国家、区域、行业等层面,内容聚焦于农业绿色发展方式构建[9]、污染治理[10]、工业绿色发展水平及其影响因素[11],以及现代服务业[12]、金融产业[13]、高耗能产业[14]、旅游产业[15]等都是具有绿色创新前景的行业。

(3)研究方法。学者们多使用熵权-TOPSIS、主成分分析法、DEA等模型对绿色发展水平进行评价。例如,李琳等(2015)运用主成分分析法对中国产业绿色发展指数进行评估和分析,得出我国区域产业绿色发展指数呈上升趋势的结论;李华旭等[16]运用主成分分析法评价了长江经济带沿江地区绿色发展水平,并甄别出影响绿色发展的关键因素;何剑等[17]运用SBM-Malmquist模型测算长江经济带产业绿色效率并研究区域产业协作问题。通过对现有文献的比较分析,本文发现存在3个方面的不足:第一,学者们对绿色发展指标的构建因所研究问题角度的不同多有侧重,而长江经济带作为我国经济发展先行示范带,面临新的形势和任务,需要更加科学、适用、完整的理论体系和评价方法。第二,对于绿色发展水平的研究,学者们多聚焦于特定产业,而对特定产业的分析只能解决特定问题,不能说明产业整体发展状况。因此,需要构建融合多产业的绿色发展指标体系。第三,尽管有学者运用熵权-TOPSIS、主成分分析法、DEA等模型评判产业绿色发展水平,但其研究多停留在静态评估上,缺乏空间上对动态变化趋势的进一步分析,而空间自相关测度能够分析空间单元在空间上的分布特征和动态变化规律。因此,本文在借鉴前人研究成果的基础上进行以下拓展:构建科学合理的产业绿色发展水平测度评价指标体系;运用较为客观和科学的分析方法测算长江经济带产业绿色发展指数,从而分析产业绿色发展水平;探索空间差异与动态演化特征;提出促进长江经济带产业绿色发展的对策建议。

二、研究方法与指标选取

（一）研究方法

本文通过对长江经济带产业绿色发展水平的测度，得出产业绿色发展指数，通过比较区域之间的差别与发展趋势，对区域间是否具有关联性作出基本判断，并以此为基础通过空间自相关进行进一步检验。

1. 产业绿色发展水平测度。长江经济带产业绿色发展涉及经济、社会、环境、资源等方面，具有较高的系统性和整体性，因而产业绿色发展水平测度应尽可能充分考虑各相关因素。因此，在长江经济带产业绿色发展指标构建过程中，需要进行全方位综合考量。在测度方法选择上，为了尽可能科学客观地反映长江经济带产业绿色发展状况，本文采用动态因子分析法进行计算比较。动态因子分析法能够更好地对面板数据进行评价，从时间维度、样本搜集和变量选择3个方面构建三位列矩对问题进行分析，近年来在环境经济学领域应用较为广泛。其优点在于，既能横向比较不同地区产业绿色发展水平，又能反映其纵向动态变化，具体计算步骤如下：①标准化处理所搜集的指标数据；②计算长江经济带11省（市）各年份协方差矩阵 $S(t)$，并对其平均协方差矩阵进行求解，$S_T = \frac{1}{T}\sum_{t=1}^{T} S(t)$；③计算 S_T 所对应的特征值、向量，以方差、累计方差贡献率为参照提取公因子，构建原始因子载荷矩阵；④计算矩阵 $C_{ih} = (\bar{Z}_i - \bar{Z}.)'a_h$，得出长江经济带11省（市）产业绿色发展水平静态分数。其中，$\bar{Z}_i = \frac{1}{T}\sum_{t=1}^{T} Z_{it}$ 为单个样本，$\bar{Z}. = \frac{1}{I}\sum_{i=1}^{I} \bar{Z}_i$ 为总体平均向量，$i = 1, 2, \cdots, I$，$t = 1, 2, \cdots, T$；⑤计算平均得分 E，$E = \frac{1}{T}\sum C_{iht}$，$C_{iht}$ 为第 t 年各样本的动态得分。

2. 空间自相关性分析。空间自相关是用来检验相邻空间点之间的要素属性值是否存在相关性的指标，通常根据 Moran's I 指数计算结果进行分析说明。在具体实证分析过程中，空间自相关测度可以细分以下两个部分[18]：

（1）全局空间自相关。计算结果用来说明研究对象属性值在该区域内的空间特征，衡量要素属性在总体空间上的集聚状态，通过 Moran's I 指数计算结果可以进行评判，具体公式为：

$$I = \frac{n \sum_{i=1}^{n} \sum_{j=1}^{n} W_{ij} |x_i - x| |x_j - x|}{\sum_{i=1}^{n} \sum_{j=1}^{n} W_{ij} \sum_{i=1}^{n} |x_j - x|^2} \quad (1)$$

其中，I 为全局 Moran 指数，n 为研究对象个数，x_i 和 x_j 为要素 i、j 地理单元的属性值，W_{ij} 为空间权重矩阵，x 为均值。I 的取值范围为 [-1, 1]，当其值为负时表明研究区域在整体上存在正相关，当其值为正时表明研究区域在整体上存在负相关，当其值为零时，不存在相关性。用统计量 Z（I）对 Moran's I 进行检验，具体公式为：

$$Z(I) = \frac{1 - E(I)}{S(I)} \quad (2)$$

其中，$S(I) = \sqrt{var(I)}$。

（2）局域空间自相关。现实情况中常存在空间异质性及空间差异等现象，但全局空间自相关仅仅是在假定空间同质的情况下所计算的结果。局部空间关联指数（LISA）可以用来考量低值和高值在空间上的集聚或离散效应，以此衡量区域内的空间关联程度，弥补使用全局自相关分析检验时的不足，具体公式为：

$$I_i = \frac{X_i - \bar{X}}{S} \sum_{j=1}^{N} W_{ij}(X_j - \bar{X}) \quad (3)$$

其中，$S = \frac{\sum_{j=1, j \neq i}^{N} X_j^2}{N - 1} - \bar{X}^2$，用统计量 Z 对 Moran's I 进行检验。$Z(I_i) = \frac{I_i - E(I_i)}{S(I_i)}$，其中 $S(I_i) = \sqrt{var(I_i)}$。在 Moran 局部空间自相关散点图中，区域单元被划分为 4 个象限，其中，第一象限为高高（H-H）集聚区，第二象限为低高（L-H）集聚区，第三象限为低低（L-L）集聚区，第四象限为高低（H-L）集聚区。

（二）指标选取与数据来源

绿色发展要求在人与自然和谐相处的前提下达到经济系统与生态系统相互融洽。长江经济带产业绿色发展需要通过产业绿色体系的完善和建设，实现经济绿色转型。长江经济带是我国重要的农业主产区，第一产业绿色发展是经济社会发展的基础和保障，需朝着绿色化、生态化、循环化方向发展；长江经济带是我国重要的工业基地，第二产业绿色发展是经济社会发展的重点和关键，需朝着提高资源效率和降低污染方向发展；长江经济带服务业在经济中所占比重逐渐攀升，第三产业绿色发展是经济社会发展的趋势和走向，需朝着高科技高附加值方向发展。可见，三大产业发展都需要朝着绿色发展方向迈进。与此同时，产业绿色发展不能仅仅只看某一产业发展,而是需要用全局视角进行规划,以环境可承载能力为出发点,以资源高效率、可持续利用为支撑,创新驱动转型升级,优化产业结构,构建全方位开放新格局,使长江经济带产业发展走向绿色增长之路。在现有认知条件下,本文构建的长江经济带产业绿色发展评价指标体系依托绿色发展核心思想,参照国家对长江经济带建设的具体要求,将长江经济带产业绿色发展指标体系确定为产业转型升级、自主创新能力、资源利用效率和环境保护4个方面。

在产业转型升级方面,牢固树立生态保护理念,发挥区域间比较优势,引导产业合理布局,推动产业向绿色可持续发展方向转型升级,这是指标选取的具体目标;在自主创新能力方面,以大力实施创新驱动发展战略,加快科技创新、制度创新,培育新技术、新产业、新业态、新模式,提高产业承载能力,集聚高科技产业,实现产业服务化、高端化、智能化、低碳化、安全化发展,这也是产业绿色发展趋势;在资源利用方面,从环境容量、生态重要性、水土地资源利用等方面选取指标,从多个角度衡量资源开发利用程度;在环境保护方面,从污染物排放和治理程度两个方面选取指标,做到从源头上防范,在过程中监督,这也是在产业绿色发展过程中维护公众利益的必然选择。

基于以上分析并综合考虑构建指标体系所要遵守的原则,参考朱春红等[19]、李琳等[20]、何剑等[21]的指标构建思路及成果,并结合《绿色发展指标体系》《湖北长江经济带产业绿色发展指标体系》等具有说服力的指标体系,构建长江经济带产业绿色发展评价指标体系。本指标体系设置了1个目标层——长江经济带产业绿色发展评价指标体系,4个评价层——产业转型升级、自主创新能力、资源利用效率、环境保护,整个指标体系由1个目标层,4个评价层、18个评价因子构成(见表1)。

相关指标数据主要来自相应年份的《中国统计年鉴》《中国能源统计年鉴》《中国工业统计年鉴》《中国高技术产业统计年鉴》《中国环境统计年鉴》。为了达到同类研究可比性和数据可获得性,本文搜集了2007~2016年长江经济带11省(市)的相关数据,其中个别缺失数据通过趋势法、平滑法进行处理。

表1 产业绿色发展水平测度评价指标体系

总指数	维度指数	基础指标	指标属性
产业绿色发展指数	产业转型升级	规模以上工业增加值年均增速(%)	逆指标
		服务业增加值占GDP比重(%)	正指标
		农产品加工产值与农业总产值比	正指标
		高新技术产业增加值占GDP比重(%)	正指标
		新产品销售收入占GDP比重(%)	正指标

续表

总指数	维度指数	基础指标	指标属性
产业绿色发展指数	自主创新能力	R&D经费内部支出占GDP比重（%）	正指标
		每万人口发明专利拥有量	正指标
		科技人员从业比重（%）	正指标
		省级及以上部门研究与开发机构数量（个）	正指标
	资源利用	六大高耗能产业增加值占规模以上工业比重（%）	逆指标
		工业固体废弃物综合利用率（%）	正指标
		单位GDP能源消耗降低（%）	正指标
		万元工业增加值用水量（立方米）	逆指标
	环境保护	主要污染物排放强度 化学需氧量（千克/万元GDP）	逆指标
		主要污染物排放强度 二氧化硫（千克/万元GDP）	逆指标
		主要污染物排放强度 氨氮（千克/万元GDP）	逆指标
		主要污染物排放强度 氮氧化物（千克/万元GDP）	逆指标
		主要污染物排放强度 废水（万吨/亿元GDP）	逆指标

三、计算结果与相关分析

（一）产业绿色发展水平测度

首先对指标进行标准化处理，具体处理方式为：

对于逆向指标：$y_{ij} = \dfrac{\max\limits_{i}\{x_{ij}\} - x_{ij}}{\max\limits_{i}\{x_{ij}\} - \min\limits_{i}\{x_{ij}\}}$

对于正向指标：$y_{ij} = \dfrac{x_{ij} - \min\limits_{i}\{x_{ij}\}}{\max\limits_{i}\{x_{ij}\} - \min\limits_{i}\{x_{ij}\}}$

将以上标准化后的数据导入Stata14.0统计软件中，运用动态因子分析法计算出长江经济带11省（市）的产业绿色发展指数和综合得分指数（见表2）。

表2　　　　长江经济带产业绿色发展指数（2007~2016年）

区域	年份										综合得分	排名
	2007	2008	2009	2010	2011	2012	2013	2014	2015	2016		
上海	0.28	0.29	0.27	0.25	0.23	0.17	0.28	0.31	0.32	0.36	0.2756	1
江苏	0.37	0.26	0.34	0.35	0.29	0.27	0.12	0.23	0.25	0.21	0.2698	3

续表

区域	年份										综合得分	排名
	2007	2008	2009	2010	2011	2012	2013	2014	2015	2016		
浙江	0.26	0.16	0.25	0.24	0.34	0.28	0.30	0.33	0.22	0.37	0.2764	2
下游平均	0.31	0.24	0.29	0.28	0.29	0.24	0.23	0.29	0.26	0.31	0.2739	
安徽	-0.14	-0.12	-0.14	-0.20	-0.17	-0.21	-0.15	-0.05	-0.04	-0.06	-0.1292	4
江西	-0.18	-0.11	-0.16	-0.14	-0.22	-0.22	-0.27	-0.02	-0.13	-0.07	-0.1512	6
湖北	-0.21	-0.21	-0.26	-0.25	-0.14	-0.16	-0.11	-0.07	-0.05	-0.02	-0.1495	5
湖南	-0.12	-0.26	-0.18	-0.25	-0.20	-0.30	-0.32	-0.35	-0.35	-0.31	-0.2643	10
中游平均	-0.16	-0.18	-0.18	-0.21	-0.19	-0.22	-0.21	-0.12	-0.14	-0.12	-0.1735	
重庆	-0.12	-0.16	-0.14	-0.15	-0.29	-0.23	-0.12	-0.19	-0.17	-0.21	-0.1789	7
四川	-0.24	-0.28	-0.21	-0.29	-0.28	-0.24	-0.31	-0.33	-0.33	-0.31	-0.2833	11
贵州	-0.14	-0.12	-0.19	-0.25	-0.40	-0.28	-0.27	-0.20	-0.23	-0.22	-0.2299	8
云南	-0.28	-0.22	-0.20	-0.23	-0.36	-0.29	-0.34	-0.21	-0.22	-0.14	-0.2500	9
上游平均	-0.20	-0.20	-0.19	-0.23	-0.33	-0.26	-0.26	-0.23	-0.24	-0.22	-0.2355	

从省级层面看，长江经济带 11 省（市）产业绿色发展整体水平呈上升趋势的省（市）分别为上海、浙江、安徽、江西、湖北、云南，呈下降趋势的省（市）分别为江苏、湖南、重庆、四川、贵州，上升和下降幅度最大的城市分别为湖北和湖南。由此可见，长江经济带 11 省（市）产业绿色发展整体水平呈现一定的波动性。此外，2007~2016 年长江经济带产业绿色发展水平平均得分前 3 位的省（市）分别是上海、浙江、江苏，这 3 个省（市）全部来自长江经济带下游区域，而长江经济带产业绿色发展水平平均得分后 3 位的省（市）分别是四川、湖南、云南，上述省（市）主要集中于中上游地区。由此可以看出，长江经济带产业绿色发展相对较高和较低的地区分别集中于长江经济带下游与长江经济带上游。造成上述现象的原因是多方面的，上海、浙江、江苏等省（市）一直是我国经济发展的先进带头区，集聚了充足的科技、人才资源，已进入创新驱动阶段，产业绿色发展水平较高。特别是湖北武汉，依靠科技、人才资源优势"一城独大"，因而湖北省产业绿色发展水平上升幅度最大也不足为奇。四川、湖南、云南等省（市）由于起步较晚，地区整体发展水平落后，资源要素匹配不够完善，绿色机制健全程度低于其他地区，产业发展以能源驱动为主，发展后劲和潜

力巨大,有待进一步挖掘。

从区域层面看,2007~2016年长江经济带上、中、下游地区产业绿色发展状况为下游地区优于中游地区,中游地区优于上游地区。依据现实情景,长江经济带下游区域一直是中国最发达地区,经济、文化、科技、教育水平较高,而长江经济带上游地区一直落后于中、下游地区,其经济、文化、科技、教育等方面一直低于全国平均水平。特别是下游地区"低消耗、低污染、高效率"的集约型经济发展方式,以及其在资源、地理位置上的区位优势和教育、科技、政策优势,产业绿色发展起到了关键作用,而上游地区粗放型经济发展方式一直未得到有效改善。由此可见,所测算的结果同现实中多数学者得出的"下游地区最优、中游地区次之、西部地区较差"的研究结论较为吻合[22-23]。近年来,推动长江经济带发展既是国家战略布局重点,也是构建现代化经济体系的主力军,经济增长和人民物质文化生活水平提高促使消费更加偏好于服务型产业,同时对高质量资源和环境需求不断攀升。另外,环境的库兹涅茨曲线(EKC)表明,在经济增长过程中,资源开发利用与环境质量之间的关系呈现先上升后下降的倒"U"型关系,较为合理地解释了现阶段长江经济带产业绿色发展趋势。

结合省级和区域层面可以看出,长江经济带产业绿色发展整体水平从上游地区到中游地区再到下游地区逐渐上升,并且在各区域之间呈边缘化,区域内部呈趋同现象。其中,下游地区和中游地区发展水平上升趋势较为显著,产业绿色发展潜力巨大,上游地区发展水平呈现下降趋势,其产业绿色发展总体水平有待进一步提高。另外,根据测算结果可以看出,长江经济带11省(市)产业绿色发展态势在空间上呈现出一定的集聚特征。因此,正确分析长江经济带产业绿色发展水平的集聚特征和空间差异性,研究各区位单元在空间上的分布规律,发现长江经济带产业绿色发展过程中的问题并探索具有可操作性的解决方法,对促进长江经济带产业绿色发展具有现实价值。

(二)产业绿色发展水平空间自相关分析

通过前文对长江经济带产业绿色发展水平的测算,初步得出长江经济带11省(市)产业绿色发展态势在空间上呈现出一定的集聚特征。为了更清晰地分析长江经济带11省(市)产业绿色发展动态集聚态势和区域之间的空间关联效应,下文通过Moran's测算结果作进一步说明。

1. 全局空间自相关测度。根据Stata14.0软件计算长江经济带11省(市)产业绿色发展指数,选择距离倒数确定空间权重,并对2007~2016年的Moran's指数进行显著性检验,根据计算结果(见表3),2007~2016年的Moran's指数值分布在0.1804~0.2530,并且所有Moran's指数值均为正,在显著性水平为0.05的情况下,除个别年份(2007年、2009年)外,其余值均通过P值检验,并且

Z值得分在3.8899~4.8982之间，空间相关性较为显著，说明长江经济带产业绿色发展水平存在显著全局空间集聚效应。另外，从时间维度可以发现，长江经济带产业绿色发展水平集聚程度在不同时间段呈现不同的变化波动，由此可以看出，长江经济带产业绿色发展水平相近的区域在空间上呈现出变动状态的集聚现象。

表3　长江经济带产业绿色发展水平 Moran's I 检验

项目	2007年	2008年	2009年	2010年	2011年	2012年	2013年	2014年	2015年	2016年
Moran's I	0.1804	0.2179	0.1988	0.1924	0.2351	0.1931	0.1945	0.2530	0.2515	0.2392
Z score	3.8899	4.4105	4.1451	4.0563	4.6494	4.0670	4.0853	4.8982	4.8766	4.7061
P值	0.0760	0.0030	0.0070	0.0230	0.0010	0.0220	0.0400	0.0010	0.0010	0.0010

2. 局域空间自相关聚类。图1为2007年、2009年、2014年和2016年长江经济带产业绿色发展指数状态的局域 Moran's 散点图。根据实证结果可以对长江经济带产业绿色发展水平的空间关联模式作进一步分析。由图1可以看出，长江经济带11省（市）的 Moran's 点分布于空间直角坐标系中的4个象限。其中，以第一象限和第三象限居多，第一象限的高高（H-H）集聚区代表研究区域与相邻区域的产业绿色发展水平较其他区域高，空间关联呈现出扩散效应；第二象限的低高（L-H）集聚区代表研究区域的产业绿色发展水平低于相邻区域，空间关联呈现过渡区域的特点；第三象限的低低（L-L）集聚区代表该区域与相邻区域的产业绿色发展水平较其他区域低，空间关联呈增长缓慢的特点；第四象限的高低（H-L）集聚区代表研究区域的产业绿色发展水平高于相邻区域，空间关联呈现极化效应。

考察期内，江苏、四川和湖南的产业绿色发展水平基本保持不变，其中，江苏的产业绿色发展一直处于较高水平，湖南的产业绿色发展一直处于较低水平。贵州、湖北、浙江、上海4个省（市）的产业绿色发展水平呈上升趋势，云南、重庆、安徽和江西4个省份的产业绿色发展水平有下降趋势。

同时，由 Moran's 散点图（见图1）和产业绿色发展水平局部空间聚类表（见表4）可以看出，长江经济带11省（市）大多分布于第一象限（H-H）和第三象限（L-L），充分体现了各区域之间在地理位置上呈现正向空间关联的特点，表明长江经济带产业绿色发展水平较高的区域在空间上分布较为集中，长江经济带产业绿色发展水平较低区域在空间上的分布亦然。由此可见，高高（H-H）集聚区组和低低（L-L）集聚区组在空间上呈现出趋同现象。

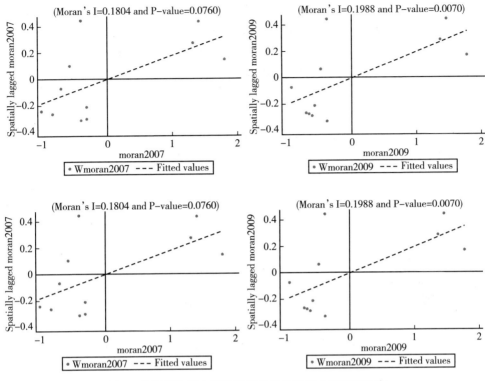

图1 长江经济带主要年份产业绿色发展水平空间分布

(1) 高高 (H-H) 集聚区,主要集中在长江下游地区,为上海、浙江、江苏3个省(市)。下游地区是中国经济中心城市,在经济、文化、科技、教育等方面处于优势,高层级的产业结构、先进的科学技术、充足的资金支持和高教育水平人口等资源优势,促使其产业绿色发展顺利,不仅能够发展好本地区经济,而且能够辐射周边地区,使其产业绿色发展水平提升,最终达到缩小地区差距的目的。但不应该忽视的是,下游地区高速发展通过污染产业梯度转移,给中上游地区带来了环境外部效应。

(2) 低高 (L-H) 集聚区,主要集中在安徽和江西两个省份,这两个省份同属长江经济带中游地区,在地理位置上与长江经济带下游地区省(市)邻近,整体发展水平低于下游地区。由于地理位置邻近,在实际发展过程中一定程度上承担了邻近较发达地区的资源环境代价,如果能够利用下游地区辐射和扩散效应,那么产业绿色发展水平提升问题就能够得到合理解决。

(3) 低低 (L-L) 集聚区,主要集中在湖北、湖南、云南、四川、贵州、重庆6个省(市)。相对来说,上述省(市)所在地理位置具有先天劣势,在资源获取、资金支持等方面存在不足,科技水平较落后、产业结构不合理等原因阻碍了产业绿色发展。此外，部分省（市）经济虽然在短期内提速较快，但其较为落后的发展模式破坏了地区资源环境，使产业不能朝着绿色方向发展。由于长江经济带中游地区未出现高水平的产业绿色发展省（市），故辐射效应和扩散效应未得到充分展现，如果下游地区辐射和扩散效应得到展现，那么低低（L-L）集聚区省份数量就会减少。

表4　长江经济带产业绿色发展水平局部空间聚类表（2007～2016年）

集聚区	年份									
	2007	2008	2009	2010	2011	2012	2013	2014	2015	2016
高高（H-H）	上海 浙江 江苏	上海 浙江 江苏	上海 浙江 江苏	上海 浙江 江苏	上海 浙江 江苏	上海 浙江 江苏	上海 浙江 江苏	上海 浙江 江苏 江西	上海 浙江 江苏 安徽	上海 浙江 江苏
低高（L-H）	安徽 江西	安徽 江西	安徽 江西	安徽 江西	安徽 江西	安徽 江西	安徽 江西	安徽 湖南	江西	安徽 江西
低低（L-L）	湖北 湖南 云南 四川 贵州 重庆	湖北 湖南 云南 四川 贵州 重庆	湖北 湖南 云南 四川 贵州 重庆	湖北 湖南 云南 四川 贵州 重庆	湖北 湖南 云南 四川 贵州 重庆	湖北 湖南 云南 四川 贵州 重庆	湖北 湖南 云南 四川 贵州 重庆	江西 湖北 云南 四川 贵州 重庆	湖南 云南 四川 贵州 重庆	湖南 云南 四川 贵州 重庆
高低（H-L）	无	无	无	无	无	无	无	无	湖北	湖北

（4）高低（H-L）集聚区。2015年后，只有湖北省从低低（L-L）集聚区跃迁至该集聚区，说明产业绿色发展成果显著。近年来，湖北省在高新技术产业建设方面投入较大精力，加上其本身所具备的中心位置优势和较好的产业基础体系，从而促使其产业朝着绿色可持续方向发展。

四、结语

本文从产业转型升级、自主创新能力、资源利用效率和环境保护4个方面构建了长江经济带产业绿色发展指标体系，运用2007～2016年长江经济带11省（市）面板数据测度长江经济带产业绿色发展水平，并运用空间自相关分析其空间分布及演化规律，结果发现：①长江经济带产业绿色发展水平在空间上存在差异，整体水平呈现由上游地区到中游地区再到下游地区逐渐上升的梯度分布格局,并且在各区域之间呈现边缘化,区域内部呈现趋同现象;②通过Moran's测算结果表明,长江经济带产业绿色发展存在较显著的空间依赖现象,相近区域在空间上呈现出变动状态的集聚现象,集聚程度在不同时间段呈现不同的变化波动特征。基于上述研究结果,提出以下政策建议:

(1) 充分发挥长江经济带下游地区在产业绿色发展过程中的辐射带动作用。下游地区产业基础雄厚、生产技术成熟、高端人口集聚效果显著,在产业绿色发展过程中具有显著的示范效应。制造业同质化是长江经济带目前面临的主要问题,差异化发展迫在眉睫,鼓励中下游地区优先发展智能制造业,探索建设智能制造示范区,带动中上游地区智能制造业发展,打造世界级水平的高端制造业集群,支持"共建园区""飞地经济"等战略合作模式。同时,下游地区应着力打造现代服务业,加快节能服务业与其他产业相互融合,通过现代科学技术构造高端化服务业发展平台,发挥引领带头作用,带动中上游地区现代服务业绿色发展。

(2) 构建长江经济带中上游地区绿色承接产业转移模式。采取绿色承接产业模式是促进中上游产业绿色发展过程中区域经济协调的重要途经。在具体实现过程中,中游地区可依托粮食生产基地,发展绿色农副产品、纺织品等劳动密集型产业,上游地区在承接下游地区能源原材料工业转移的基础上,集约发展重要矿产资源开采加工工业。此外,建立健全产业环境影响评价制度体系,控制损害生态环境的"三高"行业进入,以长江经济带下游地区为参考,引进不损害生态环境的高端产业,发挥长江经济带11省(市)的协调带动作用,促进产业绿色可持续发展。在产业发展过程中,充分衡量地区产业的承接能力,为环保型产业提供政策保障和资金支持,对于经济相对欠发达的省(市),可通过建立流域生态补偿制度推动其产业绿色发展,建立长江经济带上、中、下游横向生态补偿机制,使污染的外部效应得到补偿,从而促进产业绿色发展。

(3) 加强长江经济带11省(市)相互协作,促进区域共同发展。以科技带动绿色发展,以创新驱动产业转型,提升产业绿色发展效率。因此,必须确保区域间产业集聚有序发展,提高长江经济带产业发展质量。结合现实情况,由于长江经济带下游地区经济发展水平较高,适合以技术和资本密集型产业为发展方向,应充分发挥其高水平创新能力和科技优势,以现代服务业为产业绿色发展主要目标,促进绿色发展。长江经济带中、上游地区经济发展相对落后,特别是上游地区,其自然资源和劳动力充足但发展水平相对落后,适合发展现代化高效农业、绿色生态旅游等产业。其中,在现代农业发展方面,可通过打造农产品、畜禽水产养殖等精深加工产业链,促进区域间协作共赢。在绿色生态旅游方面,通过建立较为完善的跨省域优化合作机制打破行政壁垒,形成优势互补的绿色生态旅游格局。采取多种方法方式共同发展地区经济,从而更好地促进长江经济带产业绿色发展。

参考文献

[1] 罗来军，文丰安．长江经济带高质量发展的战略选择［J］．改革，2018（6）：1325．

[2] Costanza R. What is ecological economics［J］. Ecological Economics, 1989, 1 (1): 17.

[3] Pearced, Markandya A., Barbiereb. Blueprint for a green economy［M］. London: Earthscan Publications Limited, 1989.

[4] 谷树忠，谢美娥，张新华等．绿色发展：新理念与新措施［J］．环境保护，2016（12）：13 – 15．

[5] 胡鞍钢．中国：创新绿色发展［M］．北京：中国人民大学出版社，2012．

[6] 李琳，楚紫穗．我国区域产业绿色发展指数评价及动态比较［J］．经济问题探索，2015（1）：68 – 75．

[7] 蔡绍洪，魏媛，刘明显．西部地区绿色发展水平测度及空间分异研究［J］．管理世界，2017（6）：174 – 175．

[8] 张欢，罗畅，成金华，等．湖北省绿色发展水平测度及其空间关系［J］．经济地理，2016（9）：158 – 165．

[9] 李裕瑞，杨乾龙，曹智．长江经济带农业发展的现状特征与模式转型［J］．地理科学进展，2015，34（11）：1458 – 1469．

[10] 刘志欣，邵景安，李阳兵．重庆市农业面源污染源的 EKC 实证分析［J］．西南师范大学学报：自然科学版，2015，40（11）：94 – 101．

[11] 孙智君，张雅晴．环境规制对长江经济带工业绿色生产率的门槛效应研究［J］．科技进步与对策，2018（4）：16．

[12] 高寿华，刘程军，陈国亮．生产性服务业与制造业协同集聚研究——基于长江经济带的实证分析［J］．技术经济与管理研究，2018（4）：122 – 128．

[13] 刘亮．长江经济带金融促进产业创新发展的区域协同战略研究［J］．河海大学学报：哲学社会科学版，2017（10）：55 – 60．

[14] 吴传清，邓明亮．长江经济带高耗能产业集聚特征及影响因素研究［J］．科技进步与对策，2018（8）：67 – 74．

[15] 方法林．长江经济带旅游经济差异时空格局演化及其成因分析［J］．南京师大学报：自然科学版，2016（7）：124 – 131．

[16] 李华旭，孔凡斌，陈胜东．长江经济带沿江地区绿色发展水平评价及其影响因素分析——基于沿江11省（市）2010 – 2014 年的相关统计数据［J］．湖北社会科学，2017（8）：68 – 76．

[17] 何剑，王欣爱．区域协同视角下长江经济带产业绿色发展研究［J］．科技进步与对策，2017（6）：41 – 46．

[18] Sokal R. R., Thomson J. D. Applications of spatial autocorrelation in ecology［J］. Developments in Numerical Ecology, 1987 (14): 431 – 466.

[19] 朱春红，马涛．区域绿色产业发展效果评价研究［J］．经济与管理研究，2011

(3): 64-70.

[20] 李琳, 楚紫穗. 我国区域产业绿色发展指数评价及动态比较 [J]. 经济问题探索, 2015 (1): 68-75.

[21] 何剑, 王欣爱. 中国产业绿色发展的时空特征分析 [J]. 科技管理研究, 2016 (2): 240-246.

[22] 侯立军. 长江经济带建设与产业布局优化研究 [J]. 南京财经大学学报, 2016 (2): 35-40.

[23] 刘佳骏. 长江经济带产业转移承接与空间布局优化策略研究——基于长江经济带11省市产业发展梯度系数与承接能力指数测算 [J]. 重庆理工大学学报: 社会科学版, 2017 (10): 60-70.

（与赵路合作完成，原载《科技进步与对策》2019年3月29日）

◆下 篇◆
生态文明绿色经济发展道路研究

创建多元性的绿色经济发展模式及实现形式

绿色经济作为当代经济学发展的一个新阶段,一方面在理论上指明了人类经济与社会发展的总体方向和基本模式,另一方面也需要得到来自实践的支持与验证,因此,如何在真正意义上高效发展绿色经济就成为当务之急。绿色经济是以可持续发展为核心,遵循的是在人类社会的经济活动中正确处理人、自然、社会三者之间的关系,不断提高人类的生活福祉,以实现对自然资源长久利用的一种可持续经济发展模式。[1]绿色经济得以实现的有效途径之一是发展生态经济,生态经济的立足点在于从生态系统的角度来考量人类社会的经济与发展问题。人类作为自然界的组成部分,在适应环境、改造环境的同时也要与环境互相协调,人类社会发展的历史已经证明,任何超过资源和环境承载能力的经济发展都是难以持续的。所以,生态经济追求的就是人类经济、社会生活领域中的生产、消费和使用过程与环节就如同自然生态系统一般是密闭循环的,最终目的是达到生态系统内部资源的零输入、废弃物的零排放以及系统外部的总体能量守恒,既能保证人类经济活动的正常进行,又能兼顾环境持平和生态系统的平稳运行。[2]尽管生态经济和绿色经济在各自的侧重点和研究方向上存在一定的差异,但二者在核心理念层面确实存在诸多共同之处,尤为重要的是,绿色经济和生态经济有着一条共同的发展轴线,那就是可持续发展的思想精髓。可持续发展原则的核心就是指人类的经济活动和社会行为不能超越自然资源与生态系统的承载极限,自然资源及生态系统是人类社会赖以生存和发展的根本,离开自然资源和生态系统的支撑,人类社会的生存和发展也就无从谈起。由此可见,生态经济是实现绿色经济理想目标的主要途径之一,绿色经济的终极目标是建立生态环境有效运行及良性循环基础之上的经济可持续发展模式。绿色经济的有效建设,需要构建从中央到地方的多层次生态经济发展模式,创造多元化的生态经济实现形式,以大力推动绿色经济在我国的实质性发展。

一、生态经济省：省域可持续发展生态建设模式

生态经济省的核心思想是可持续发展。生态经济省的建设对于落实科学发展观、建设生态文明、优化产业结构、加快建设"两型社会"、实现可持续发展具有十分重要的意义。生态经济省代表的是一种省域地方经济发展理念的创新，更是一种区域发展模式的变革。其发展与建设的总体思路和基本理念是根据不同地域省份特有的生态类型、经济社会发展程度、环境状况和资源特征等多方面因素，实现经济社会与生态环境相协调的一种符合可持续发展要求的省级行政区域的发展。[3] 近几年，生态经济省的建设在我国呈现出较为良好的发展势头，很多省份明确提出了"生态立省"的口号，生态经济省的区域发展战略是可持续发展理念在省级行政区域内的具体实践，生态经济省建设的最终目的是在省级行政区域内实现经济效益、社会效益和生态效益的统一，实现近期目标和长远目标的统一，实现局部利益和整体利益的统一。

生态经济省建设的基本内涵是大力发展生态经济。虽然在生态省建设的具体内容方面国内学者还存在分歧，但大多数都认同生态经济省得以贯彻实施的根本途径是建设新型的生态经济模式，从这个意义上讲，生态省和生态经济省的内涵是基本一致的。相对于传统的工业经济来说，生态经济讲求的是经济可持续发展和生态环境有效保护的和谐统一。生态经济要求从生态学和经济学的综合角度出发，充分运用先进的生态技术和方法，改变人类社会传统的生产方式和消费模式，积极发展高效节能、低碳环保的绿色生态产业，大力推广健康合理的绿色生活理念，实现经济发展与环境保护相协调，物质文明与生态文明相统一的经济社会发展新模式。建设生态经济省，从根本上讲就是要大力发展生态经济，将生态经济的有效构建和良性运行作为生态经济省建设和发展的源动力，既要维护生态系统的安全稳定，同时也要保证省域经济的持续发展，逐步提高民众的生活质量。

生态省的建设必须进行指标细化。生态省的建设是一项长期的战略任务，是省域发展模式的根本变革，涉及经济、社会、科技、教育、文化发展的方方面面。迄今为止，我国生态省的建设试点工作开展得比较多，但是效果并不太显著，既有经济结构和生产方式的原因，也有环境透支和社会风俗的因素[4]。为解决这些问题，必须运用系统化原理，将生态省建设的理念分解为一系列可操作的指标，以此来评估和指导生态省的建设过程，增强生态省建设的实际效果。为此中国国际经济技术交流中心与世界自然基金会共同编制了一套中国省级绿色经济指标体系，为生态省建设的具体实践提供了借鉴与参考，具体如表1所示。

表1 省级绿色经济指数指标体系[5]

一级指标	二级指标	三级指标	四级指标
人均绿色经济指数	社会和经济发展	人的发展	收入	人均收入
			健康	人的寿命
			教育	平均受教育年限
		包容性发展	城镇收入差距	城镇基尼系数
			城乡收入差距	城乡人均收入比
	资源环境可持续	自然财富与生态服务供给	自然财富	自然保护区占辖区面积比重 森林覆盖率 湿地面积占辖区面积比
			生态服务	人均生物承载力
		经济的资源环境需求	消费的资源环境效率	人均生态足迹 人均水足迹 城市生活垃圾无害化处理率 城镇生活污水处理率
			生产的资源环境效率	单位GDP能耗 单位GDP水耗 工业固体废物综合利用率 企业二氧化硫排放达标率 企业废水排放达标率
			环境总量控制	单位面积CO_2化学需氧量（COD）及固体废弃物排放量 城市优良天气比例人均CO_2排放
	绿色转型驱动	政府绿色领导	资金投入	环境污染治理投资总额占GDP比值 城市环境基础设施投资占GDP比值
			政策制定	环境领域地方性法规、行政规章数量、地方环境标准数量
		经济绿色转型	产业导向	工业污染治理投资占工业增加值比重 "三同时"*项目中环境投资比 第三产业占GDP比重
			技术创新	万人专利申请数量

注：*根据我国《环境保护法》第26条规定："建设项目中防治污染的设施，必须与主体工程同时设计、同时施工、同时投产使用。防治污染的设施必须经原审批环境影响报告书的环保部门验收合格后，该建设项目方可投入生产或者使用。"这一规定在我国环境立法中通称为"三同时"制度。

从表1的指标划分可以看出，生态省建设的指标体系内容复杂，细化程度很高，为全国范围内生态省的建设提供了实际操作层面的指导。同时，我国省域之间的差别非常大，经济发展水平、产业类型、人口基数和素质、环境破坏程度都存在明显差异。因此，不同省份在制定自身生态省建设指标体系的时候必须因地制宜，结合自身资源优势和环境特征，走一条符合自身省域实际情况，匹配度高的生态省建设之路。

二、生态城市：市级区域可持续发展模式

城市化是我国生态城市建设面临的机遇和挑战。我国正处于城市化进程高速发展的时期，伴随着城市化而来的城市环境问题也越来越严重，由于我国人口基数过大，而且分布不均，城市化中的环境生态压力日趋加大，突出的表现就是城市人口密度过大，人地矛盾紧张，住房短缺，交通阻塞，能耗激增，废弃物、噪音、大气和水源污染，以及城市人口心理疾病的蔓延，这些不仅严重制约了经济社会的长久发展，而且给国民身体带来明显的负面影响，实际上降低了国民的生活质量。因此，如何在快速城市化的过程当中减少对环境的污染和破坏，确保城市的可持续发展，是事关中华民族永续发展的重大命题。生态城市建设是我国城市化进程中的必然选择，这既是我国绿色经济发展的具体实践，同时也是解决我国目前环境问题的一条有效途径。

生态城市是一种市级行政区域内的可持续发展模式。"生态城市（ecological-city）"的概念是20世纪70年代联合国教科文组织发起的"人与生物圈（MAB）计划"中提出来的，该计划主要研究城市生态系统中人口与气候、生物、空间、环境等多方面的相互关系。[6]一般而言，生态城市是指城市生活中的环境、经济、技术、社会、人文等因素充分融合，城市系统内部的物质和能量被最大化的利用，城市人口的生活质量不断提高，城市环境生态系统得以有效保护的一种生态、高效、和谐的人类聚居新环境。[7]生态城市有着丰富的内涵，从深层次上讲，生态城市是建立在人与自然和谐关系基础之上的一种人类社会生存理念，体现了人类社会全新的生产形式和生活方式。同时，生态城市是人工智能和自然环境有机结合的复合生态系统，生态城市建设的宗旨是力求最大限度地保护自然生态系统的完整，尽最大可能减少人类聚集行为对环境生态系统造成的破坏。生态城市的理念是将传统的城市规划建设和城市日常管理放在更为宏观的生态系统中加以考虑，生态城市建设的核心思想是在人口不断增加的历史背景下维持人类社会的可持续发展，并进一步地提高人类社会的生活质量。

生态城市是一个复合系统，既包含天然的自然生态系统，也涵盖人为的经济、社会及文化系统。具体而言，生态城市系统的基本内容与主要功能如表2所示。

表2　　生态城市系统基本功能[8]

功能	社会子系统	经济子系统	自然子系统	基础设施子系统
生产	各种人文资源如智力、体力制度、文化	获得物质产品、精神产品、中间产品和废弃物的生产过程	光合作用、化合作用次级生物生产力、水文循环	能源产出（光、热等）
消费	共享信息文化获取情感	消费各类型生产资料和生活资料	资源消耗与能量循环废弃物排放与污染净化	占有及使用各类型基础设施设备
还原	治安、保险道德约束	市场调节及均衡	碳氧平衡、大气扩散、土壤吸收、自净功能、转化功能、生态恢复	

由表2可知，生态城市系统中的各个子系统有着不同的含义和功能。自然子系统是生态城市建立的物质基础，经济子系统是生态城市运行的价值保证，社会子系统是生态城市发展的文化支撑。同时，生态城市的运行是一个典型的闭循环系统，具有极强的自我运转和修复能力，各个子系统之间是相互依存的，系统内的资源交换基本靠系统自身来完成，从而最大限度地降低能量损耗和废弃物排放，将对城市生态系统的破坏降到最低程度。

表3　　我国生态城市建设类型分布[9]

生态城市建设类型	典型城市
复合型城市	北京　天津　上海　广州　南京　杭州　海口　济南
园林型城市	郑州　邯郸　廊坊　包头　嘉兴　泉州　岳阳　湛江　库尔勒
"两型"城市	武汉　黄石　鄂州　孝感　天门　长沙　湘潭　株州　衡阳　常德
生态文明型城市	贵阳　合肥　南昌　福州　重庆　南宁　昆明
环境卫生型城市	大连　厦门　无锡　深圳　青岛　珠海　苏州　威海

生态城市的建设和发展必须因地制宜。自从生态城市的理念提出以来，国内外都展开了生态城市的理论研究和建设实践，但由于各个城市的经济发展水平、地形地貌、文化风俗差异巨大，生态城市建设并没有统一的模式。就我国而言，国内生态城市的建设大致有以下几种类型。

由于生态系统受自然环境和地理因素的影响和制约很大，不同地域生态系统的特征差异明显,导致生态城市的建设并无太多通用的规律可循。生态城市的建设只能从自身的实际情况出发,在城市资源优势和生态系统特征的基础上,按照因地制宜的原则,从生态城市的规划、设计到建设、管理等多个环节制定有针对性的管理方案和技术手段,形成有着明显地域特色的生态城市建设之路,切忌不顾本地实际情况照搬外部经验的盲目做法。

三、生态社区:社区可持续发展的理想模式

近年来,随着人们对生态环境的重视程度逐步提高,生态已开始走进人们的日常生活,生态社区的建设也已被提上日程。到目前为止,学术界对生态社区还没有形成统一的称呼,在国外相同含义的名称有"可持续社区""健康社区""可居性社区"等;在国内相类似的提法有"生态住宅区""适宜性居住区"和"绿色生态住宅小区"等。虽然这些不同的称呼体现出生态社区研究范畴和理解的差异性,但其在内涵层面却是基本一致的,从根本上来讲都是可持续发展思想在社区层面的具体体现。生态社区是社区生态化发展的必然结果,融合了社区系统内部的人口、经济、社会、文化、历史、环境等多种因素,生态社区追求的是更全面、更高层次的人类聚居模式,体现了一种更为直观、更为基础的生态观。[10]

实际上,人类社会生态社区的思想由来已久,早在远古时期,人类群落在选择聚居地的时候就懂得因地制宜,充分利用自然的优势,为人类自身的繁衍生息创造最大化的外部便利条件,从现存的大量历史遗迹中都能领略到先贤在选址时的智慧,即使在当代,现代人的居住理念和模式依然能折射出古人的身影。生态社区的研究与实践源于西方国家,同样经历了从启蒙到迅速发展的几个不同阶段。从19世纪末到20世纪20年代是生态社区思想的萌芽时期。英国社会学家霍华德1998年提出"花园城市"的理念,被后人公认为是生态社区思想的萌芽。到了20世纪20年代,巴洛斯等人提出了"人类生态学"理论,首次将生态学思想运用到人类聚居模式的研究当中,标志着生态社区思想的雏形已初步形成。20世纪30~60年代是生态社区研究的探索时期,这一时期的生态社区理论探究可以进一步细分为几个小的阶段。30~40年代,生态学原理在城市社区规划和建设的过程当中得以运用;50年代,西方学者开始从"人—社会—环境"和谐统一的角度对社区进行新的探讨和研究;60年代,西方生态社区的研究和实践有了更加深入和广泛的发展,产生了人类聚居学、生态建筑学等多个新型学科理论。20世纪70~80年代是生态社区理论的形成阶段。进入70年代之后,由于绿色经济理念的兴起,生态社区思想走入了蓬勃发展的时代,出现了一些标志性的

事件，比较有代表性的是1972年在瑞典斯德哥尔摩召开的联合国人类环境会议，会议发表的"人类环境宣言"明确提出城市化和人类的居住模式不能对环境产生负面影响，并且要同时兼顾经济、社会、环境多方面的共同利益。1976年，联合国在加拿大的温哥华召开了第一次人类住区大会，会上成立了联合国人居中心，重点关注人类城市及农村社区的发展，提倡人类居住社区的可持续性。[11] 1987年，世界环境与发展委员会向联合国提交了题为《我们共同的未来》的人类发展研究报告，报告中不仅首次明确提出了"可持续发展观"，而且出现了"可持续社区"的概念，强调人类社区生活当中现在与未来、工作与生活、生活品质与环境保护等多者之间的相互协调，突出社区建设的机会均等与优质服务。[12] 20世纪90年代至今是生态社区实践的快速发展阶段，这一时期西方国家的生态社区实践迅猛发展，尤其是进入21世纪以来，欧洲、北美、澳洲、日本都创造了各具特色的生态社区建设途径和模式，出现了英国伦敦拜德（Bed）零能耗校区、美国COTATI COHOUSING小区等生态社区建设的成功范例。和西方国家比较起来，我国在生态社区的理论渊源方面并不落后，我国自古以来就有"天人合一"的思想，讲求"天时""地利""人和"。发源于上古时期，至今依旧对国人有着重大影响的"风水"学说可以看做是国人生态社区思想的朴素表达。受西方生态社区思潮的影响，20世纪80年代，我国的马世骏、王如松等知名学者就从生态学的角度对生态社区的理论和实践进行了探究。与此同时，我国政府对生态社区建设的重视程度也日益提高，相继出台了《小康型城乡住宅科技产业工程城市示范小区规划设计导则》（2000）、《绿色生态住宅小区建设要点与技术指导》（2001）等优惠性指导政策和文件。[11] 近年来，我国许多新兴城市和城区的建设都明确打出了"生态"的旗号，生态社区的实践在我国也已经步入了快车道。

生态社区是人类聚居模式的高级发展阶段，其内涵主要包括两个方面。首先，生态社区的内涵体现了社区发展的可持续性，可持续发展作为全人类共同的理想追求，在实际执行的过程中势必要进行细化和分解，大力推进生态社区建设正是可持续发展思想在微观社区层面的具体实施和体现。生态社区作为生态城市的基本组成单元，以生态建筑为主要载体，用整体的生态环境观来整合社区内的各种相关要素，协同建设能够同时兼顾居民生活水准和社区生态环境保护的新型人类居住区域，高效地利用社区系统内部的物质流、能量流、信息流，以使自然—经济—社会复合生态系统内部以生态原理的方式运行，真正做到可持续发展。[13] 因此，生态社区无论是理念构想还是实际建设，都是对可持续发展思想的认真践行。其次，生态社区的内涵还反映了人类思维模式的生态化演变，生态文明作为人类文明发展的高级阶段，是人类社会对以往生存模式的深刻反思，更是对自身未来发展趋势的理性探求。同时，生态文明作为一种新的思潮，也要求能够得到社会个体的理解和支持。生态社区的建设和发展,可以很好地将生态文明理念融入社会大众的日常生活,通过衣、食、住、行等多个方面有效地向社会公众灌输生态文明的理念,从而使得公众形成一种自然化、常态化的生态思维方式,促使公众实现从"经济人"向"生态人"的转变,真正从深层次的思想领域保障人类社会的可持续发展。

生态社区是一个广义的范畴,完整的生态社区涉及的领域是多方面的,从系统的角度来看,"社"指的是内部的人群聚落,"区"指的是外部的自然环境,"社"针对的是人类社会系统的运营,"区"蕴涵的是自然生态系统的流转。就内涵而言,生态社区是一个自然、人口、经济、社会、文化的综合体,是社区家庭、社区建筑、社区配套设施、社区生态环境、社区服务机构、社区文化的有机结合。生态社区的主要构成要素及相互关系如图1所示。

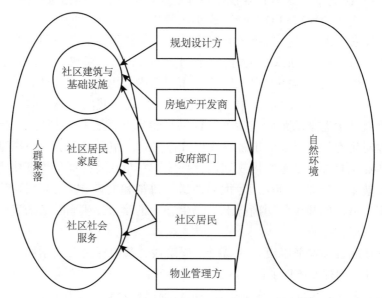

图1 生态社区各组成要素和主体关系示意图[14]

由图1可知,生态社区的利益主体涉及社区居民、政府部门、开发商、社区物业管理部门、社区业主委员会、社区居委会等多个方面,牵扯的因素很多,需要考虑和顾及的领域也很庞杂。因此,生态社区理念的实施,必须构建"设计—建设—运营"的整套生态化建设与运营体系。生态社区在规划之初,就要仔细考虑当地气候、水文、地理、能源、交通、人口、历史、文化等多种因素,充分利用各地生态系统的天然优势,设计不同类型、自然和谐、匹配度高的生态社区建设模式,减少资源投入和消耗,尽量降低社区建设和运行对自然生态系统造成的干扰和破坏，为生态社区的可持续运行提供全方位的保护和便利。生态社区在实际建设的过程当中，要大量采用绿色环保的工程技术，在建筑设计、空间布局、材料选择、管道铺设、水电供给、温度调节、交通绿化、装饰照明、废物处理、设施配套等多方面体现出社区的生态本质。在正式使用的过程当中，生态社区要因地制宜地大量使用太阳能、风能、地热能、生物能等低碳环保的绿色能源，要实现社区废弃物的大规模循环利用，尽量减少社区的碳排放。除了规划设计和建设环节之外，生态社区的运营和管理过程也要充分体现出生态性。生态社区的良性运营依靠的是社区所有成员的自律与自觉，物业及社区居民都要严格遵守生态社区的规章制度，减少不必要的资源损耗和人工支出。同时，生态社区的日常管理要大规模采用现代化的信息技术、网络技术、智能技术，降低管理成本，方便社区居民的生活，为社区居民提供更多的闲暇时间，进一步提高社区居民的生活质量。

如前所述，国内外对生态社区有着绿色社区、可持续社区等不同的称呼，这即体现了世人对生态社区认识的偏差，同时也从侧面反映出生态社区的实践依然处在摸索阶段，生态社区大规模推广的时代还未正式到来。从全球范围来看，生态社区的发展依旧面临一些不利因素，主要体现在生态社区建设评价指标体系缺乏统一性和规范性。世界上生态社区建设发展比较好的国家（地区）都有一套自己的评价方法，比较有代表性的是美国的"能源与环境设计领袖"（LEED）、英国的"建筑研究所环境评价方法"（BREEAM）、德国的"可持续发展建筑导则"（LNB）、日本的"建筑物综合环境性能评价体系"（CASBEE），以及我国香港地区的环保基准评估法（HK-BEAM）、台湾地区的绿色建设标章（EEWH）。[15]我国政府部门也相继出台了全国性的《绿色建筑评价标准》《绿色建筑评价标识管理办法》《绿色建筑评价技术细则》以及国家、省、市三级《绿色社区考核指标与评价方法》。这些评价指标体系都具备较强的科学性和系统性，在结构上包括了评价主体、指标赋值、评价方法，在内容上涵盖了人口、经济、社会、环境等多个方面，都在一定程度上促进了各自区域范围内生态社区的发展。然而，由于在生态社区理解层面的不同认识，以及作为生态社区建立基础的生态系统自身的差异性，导致这些评价指标体系具有明显的地域性和局部性，规范化程度不够高，不利于生态社区建设的推广。就我国的情况而言，除同样面临上述不利条件之外，我国生态社区建设在理念层面依然存在误区，往往将生态社区建设简单地等同于植树绿化、垃圾处理、新能源使用，存在生态社区功能单一，模式肤浅的现象。同时，我国的生态社区普遍规模较小，与传统社区的衔接程度不高，规模效益不明显，成本较高，这些不利因素都明显限制了我国生态社区建设的良性发展。

生态社区建设需要充分借助文化的力量。国内对社区文化的研究源于20世纪 80 年代，一般而言，广义的社区文化是指居民在特定区域内经长期生活实践而形成的物质文化和精神文化的总和；狭义层面的社区文化是指居民在居住地形成的生活方式、价值观念、群体思维模式等内容。[16] 社区文化是社区发展的内在驱动力，能满足社区成员高层次的需求。我国生态社区的生态运行和长久发展不仅需要生态技术的支撑，更需要生态文化的保障。生态社区的建设要特别注意引导社区居民养成绿色低碳的生活方式，促进合理适度的绿色消费观念，提倡与邻为善、互敬互爱的和谐社区文化，推崇尊重自然的生态理念，形成社区的生态文化氛围。此外，我国生态社区建设还要特别注重与传统文化的衔接，重视现代生态技术与传统文化的充分融合。生态社区的建设没有统一的模板，生态社区追求的是社区建设模式与社区生态环境的天然匹配。生态社区在建设规划之初，不仅要从社区特有的自然环境出发，因地制宜地采取恰当的建设样式，还要注意社区生态建设理念与社区传统文化的有机融合，要让社区一方面充满了现代的生态气息，另一方面又能显现出社区的传统文化特色，为社区同时打上"生态"和"文化"的双面烙印，从而创造出形式各样、丰富多彩，极具中国地域特色的现代化生态社区。

社区居委会在我国生态社区建设的过程当中起着不可忽视的重要作用。社区居委会是具有较强中国特色的一级基层社会组织，它以非官方的身份承担了许多实际上的官方职能，在我国政治和社会生活当中有着巨大的衔接和推动作用。生态文明建设作为国家层面的宏观战略，势必要进行层层细化与分解，需要得到来自基层的大力支持与配合，生态社区建设正是微观层面对生态文明建设的直接响应。而居委会作为政府执行力的最末端形态，在生态社区建设的过程当中应充分发挥自身的桥梁作用，通过宣传与号召，提升社区居民参与生态社区建设的积极性，推动生态社区建设由政府引导行为向居民自发行为的转化，促进生态社区建设主体的多元化。同时，在生态社区建设的过程当中，政府应赋予社区居委会更多的监督和管辖职能，以更好地引导和约束居民行为，提升政策执行的时效性和经济性，降低生态社区建设及运营的成本，更加有效地促进生态社区建设的推广和普及。

家庭是生态社区构成的基本单元，社区家庭之间，以及社区家庭内部成员之间的日常行为模式对生态社区建设的成败有着最为直接的影响。[17] 生态社区的运行要充分发挥社区内部家庭的基础性作用，构建数量众多的生态型家庭，调动社区家庭成员参与生态社区建设的积极性和主动性，将家庭作为生态社区建设实践的有效平台。改变传统社区家庭的生活方式和消费理念，从最为基本的衣、食、住、行、用、娱入手，促使社区家庭更多地使用生态能源，减少传统能源的消耗，降低对不可再生资源的使用量，提高社区家庭成员内部以及家庭之间的资源共享程度，号召家庭成员从细微之处着手，少用一度电，少用一吨水，少开一次车，少用一次性用品，提倡社区家庭的低碳饮食，避免社区家庭的过度消费和盲目攀比，和谐邻里关系，最终使得生态社区的建设更为人性化，实际效果更好。

参考文献

[1] 陈登强，匡耀求，黄宁生，等．发展绿色经济促进生态建设［Z］．2012年中国可持续发展论坛专刊，2013（1）：162．

[2] 袁丽静．循环经济、绿色经济和生态经济［J］．环境科学与管理，2008（6）：159．

[3] 郑杰，王成才．生态立省是建设和谐青海的根本［J］．攀登，2008（12）：77．

[4] 习近平．生态省建设是一项长期战略任务［J］．西部大开发，2013（3）：5．

[5] 张焕波．中国省级绿色经济指标体系［J］．经济研究参考，2013（1）：78．

[6] 原丽红，谢志刚．生态城市建设与市民生活方式的生态化［J］．华北电力大学学报（社会科学版），2013（2）：22．

[7] 孙建国，吴克昌．基于生态城理论的我国生态城市建设研究［J］．特区经济，2007（2）：132．

[8] 汤薇．生态城市基本问题研究［J］．枣庄学院学报，2013（2）：74．

[9] 蔺雪春．通往生态文明之路：中国生态城市建设与绿色发展［J］．当代世界与社会主义，2013（2）：33．

[10] 范平，等．城市生态社区综合评价指标体系的探讨［J］．环境科学与技术，2009（4）：196．

[11] 高吉喜，田美荣．城市社区可持续发展模式——"生态社区"探讨［J］．中国发展，2007（12）：6-7．

[12] 周传斌，戴欣，王如松．城市生态社区的评价指标体系及建设策略［J］．现代城市研究，2010（12）：12．

[13] 张婷．探讨生态社区的内涵及规划设计理念［J］．山西建筑，2010（1）：70．

[14] 周传斌，戴欣，王如松，等．生态社区评价指标体系研究进展［J］．生态学报，2011（8）．

[15] 赵清．生态社区理论研究综述［J］．生态经济，2013（7）：30．

[16] 刘庆龙，冯杰．论社区文化及其在社区建设中的作用［J］．清华大学学报（哲学社会科学版），2002（5）：19．

[17] 程云蕾．论生态社区与家庭建设的基本规范［J］．经济研究导刊，2011（27）：256．

（与刘忠超合作完成，原载《贵州社会科学》2014年第2期）

中国绿色经济发展模式构建研究

一、对中国现有经济发展模式的重新考量

进入 21 世纪之后,世界的生态环境、人口以及经济都进入了不可持续发展的轨道,这意味着,如果我们继续保持"一切按现有模式运转",那么将面临威胁地球与全人类生存的社会危机、生态危机和以全球变暖为特征的气候变化。

谁使气候变暖了? 政府间气候变化委员会 (IPCC) 第 4 次评估报告表明,"最近 50 年的气候变化是由人类活动产生的"这一结论的可信度提高了。由 2001 年第 3 次评估报告中的 66% 以上可能性提高到目前的 90% 以上可能性。也就是说,全球气候变暖 90% 是由人类活动排放的大量温室气体引起的。随着时间的推移,科学家们的研究结论最终达成一致:人类应对当今非同寻常的气候变化负责。

资本主义工业革命以来的几百年间,西方发达国家走的是一条高投入、高消耗、高碳排放和高污染的"黑色发展道路",这是造成全球气候变化的真正根源。工业革命以前,即 18 世纪中期以前的约 1 万年间,地球大气层中 CO_2 的浓度约为 280ppm。也就是说,在 1750 年如果我们能够划分出含有 100 万个大气分子的区域,那么这个区域只含有 280 个 CO_2 分子。但工业革命以后,尤其是近 50 年,这块区域含有 384 个 CO_2 分子。这些额外的 CO_2 不是来自海洋,而是人类使用化石燃料、采伐森林造成的[1]。IPCC 报告再次确认,2005 年全球大气的 CO_2 浓度达到了 379ppm,是工业革命之前浓度 (280ppm) 的 1.4 倍,为 65 万年来最高。自工业革命以来,大气中 CO_2 浓度不断提高,几乎每年平均增加 2ppm[2],CO_2 排放的极限是 450ppm。目前的 CO_2 浓度是 83 万年来的最大值,很显然,这与过去 150~250 年的全球性工业化,特别是西方发达国家的工业化直接相关。

西方发达国家的工业经济活动建立在以化石能源为主的不可再生资源消耗的基础上,工业经济是一种碳基能源经济,它们的经济发展道路是一条高碳、高

熵、高代价的发展道路。无论是工业文明发展，还是后工业文明进步，工业文明的能源基础均是黑色能源。中国的工业化沿袭了西方发达国家"先污染后治理"的道路，在过去的 60 年特别是近 30 年，中国经历了经济高速发展时期。1990～2010 年，中国 GDP 年均增长率为 10.45%，能源消费年均增长率为 6.41%。由于高密度生产和消费煤炭，形成了碳排放密集型的能源发展模式。国际能源署（IEA）公布的统计数据显示，2011 年全球 CO_2 排放量比 2010 年增长了 3.2%，达到 316 亿吨，创历史新高。其中，中国、印度等新兴国家的排放量增长迅速。全球 CO_2 排放量 2006～2010 年的平均增量为 6 亿吨，2011 年排放增长迅速，增量达 10 亿吨。中国是全球最大的排放国，2011 年排放量增加 7 亿吨以上，增幅达 9.3%，原因在于中国高投入、高污染、高排放的粗放型经济增长模式。

西方的经济模式——以化石燃料为基础、以汽车为中心的一次性经济，并不适合中国，也不适合印度，印度经济每年增长 7%，预计在 2030 年人口将超过中国。在当今越来越一体化的全球经济中，所有国家都依赖同样的谷物、原油和钢铁，西方经济模式对于工业国家也不再适合[3]。

如果继续按照工业文明的传统发展模式快速发展下去，整个人类将不复存在。2009 年 5 月《今日美国》刊载了文章"全球变暖的后果或许比之前的预计糟糕两倍"，其指出"那个孕育人类文明的地球已经不复存在了。孕育人类文明的稳定环境已经消失，划时代的剧变正在发生"。我们已经找不到人类文明发源时的那个星球了，我们的地球不再是原来的地球，我们留住的文明也再不会是同样的文明。因此，中国必须跨越西方发达国家工业文明发展模式，努力推进工业文明的经济模式与发展方式向生态文明和绿色经济发展模式转变。

二、绿色经济发展模式的时代价值与时代使命

当今世界面临的最大挑战是全球气候变化及其影响，最大的机遇是绿色革命与绿色发展。2010 年底在墨西哥召开的坎昆会议通过了一揽子平衡的决定，促使所有政府更加坚定地迈向低排放的未来之路，并支持加强发展中国家应对气候变化的行动。大会下设《联合国气候变化框架公约》缔约方（194 个国家）会议及《京都议定书》缔约方（184 个国家）会议，通过了应对气候变化的两份重要决议，并决定设立绿色气候基金。

金融危机过后，各国政府都纷纷推行"绿色新政"，这不是短期内的暂时应对和行动，而是上升到国家战略高度。国际上提出通过国际多边合作及在国家层面推行"绿色经济倡议"，应对多重危机、谋求经济可持续发展的战略选择。在经合组织（UNEP）发起的全球绿色经济倡议中重点关注绿色政策，主要包括：

能够让自然资源价值得到反映的产权和价格政策等，实现环境效益、经济效益双重目标的财税政策以及推动绿色经济增长的科技政策、机制与体制等。最重要的是要确保不同政策的相互融合和协调一致[4]。经合组织成员国（OECD）纷纷提出绿色增长计划，英国提出在2012年初建立"绿色投资银行"，日本推动绿色技术创新，韩国制定"国家绿色增长计划"，丹麦发展"对环境、自然和气候进行高度保护的现代农业"，新西兰提出建立"绿色高层咨询委员会"。尽管各国绿色增长方案侧重点不同，但都为实现可持续的经济复苏创造绿色就业机会，创造新的竞争力，经合组织国家的绿色增长计划是实现绿色经济发展的基础。

奥巴马政府、西欧各国政府以及亚洲国家政府都增加清洁技术投入，为绿色经济吸引更多的投资。美国经济刺激计划中包括未来10年为美国清洁能源项目提供560亿美元的拨款和税收减免，并将每年拨出150亿美元的预算。在世界各国出台的总额为2.796万亿美元的经济刺激中，绿色投资约为4360亿美元，占15.6%，集中在能源效率和可再生能源领域。在中国4万亿元人民币的经济刺激方案中，直接用于环境保护的投资占5%，对环境保护有间接推动作用的投资比重高达34%左右[5]。

2012年联合国可持续发展大会（"里约+20"峰会）认为，绿色经济的本质是以生态、经济协调发展为核心的可持续发展经济。绿色经济将可持续发展理念贯穿于人类经济活动全过程。绿色经济既要求减少资源消耗、降低污染排放和减轻生态环境压力，也要求保障经济可持续发展[6]。"里约+20"峰会在绿色经济统一性认识方面，刷新了绿色经济模式的多元性。由此产生的绿色经济发展重点是不断创新适合于不同国情、不同地区的绿色经济模式，致力于绿色经济模式研究和能力建设工作。创新绿色经济发展模式将成为全球可持续发展道路上的首要任务。绿色经济发展模式优先关注人类健康与福祉，减少人类活动对环境的损害，充分认识自然生态系统和人工生态系统提供的服务功能与价值，并通过不断进行技术创新、机制体制创新、生态创新促进绿色经济发展。

三、推行符合中国需要的绿色经济发展模式

几十年来，中国走的是一条"先污染，后治理"的经济发展道路，产生了生态失衡、结构失调、资源浪费、环境污染等问题。如果要改变经济发展中不平衡、不协调和不可持续的突出问题，就必须创新经济发展模式，积极推进工业文明的经济发展模式向生态文明的绿色经济发展模式转变。绿色经济发展旨在追求经济、社会、人口、资源、环境、生态相和谐的全面协调发展，是人与自然和谐统一的生态发展。绿色发展是一条全新的发展道路，是一条创新跨越式发展道

路，是一套全新的价值观和发展理念，本质上就是科学发展观[7]。

近年来，党和国家领导人多次谈及绿色经济发展问题，特别强调要创新发展、科学发展。习近平同志[8]指出，"国际社会倡导的绿色发展和可持续发展的核心就是科学发展"，"科学发展，就是要把握发展规律、创新发展理念、转变发展方式、破解发展难题，提高发展质量和效益，实现又好又快发展；就是实现以人为本、全面协调可持续发展"，"我们坚持科学发展，就是适应经济全球化发展的新形势，用科学的理念、开放的战略、统筹的方法、共赢的途径去实现生产发展、生活富裕、生态良好的发展目标。"李克强指出，"发展绿色经济不仅可以节能减排，而且能够充分利用资源、扩大市场需求、提供新的就业，是保护环境与发展经济的重要结合点"，"中国从自身实践出发，借鉴国际经验，坚持走以人为本、全面协调可持续发展道路，推动绿色发展"，"绿色发展是有利于提高经济效率的发展模式"。

什么样的发展模式是符合中国实际需要的？面临全球变暖、人口爆炸、资源短缺、能源供求失衡的挑战，经济发展受自然资源和生态环境的严重制约，中国需要寻求符合国情的解决方案。

（1）坚持把突破资源能源约束、提高发展效率作为发展绿色经济的重要着力点。中国的绿色经济不仅要追求自身发展，避免走高消耗、高污染、高排放的传统经济发展道路，而且要面对挑战、把握机遇，实现创新跨越发展。

（2）坚持把推动经济发展方式转变和调整经济结构作为绿色经济的主攻方向。必须根据中国国情，探索一条中国特色的生产力发展道路，寻求一种新的发展模式。长期以来，中国实行的是一种粗放型经济增长方式，这种经济增长方式是不可持续的。中国人均国内生产总值尚处于全球100位左右，仍有1.22亿贫困人口，改善民生、提高人类福祉的任务还非常艰巨。因此，需要大胆创新、自主创新、科学创新，大力发展绿色产业，构建绿色产业体系，加快产业结构升级。

（3）坚持把改革红利惠及全体人民、不断增进人民生态福祉作为绿色经济发展的根本出发点和落脚点。十六大报告中把"促进人与自然和谐"作为全面建设小康社会的四大目标之一。十八大报告提出了"努力建设美丽中国，实现中华民族永续发展"的目标，其核心就是按照生态文明的要求，通过建设资源节约型、环境友好型社会，达到经济繁荣、生态良好、人民幸福的目标。十八大所理解和规划的生态文明，已经上升到实现人与自然和谐共生的高度，把尊重自然、顺应自然、保护自然的理念融入到经济建设、政治建设、文化建设、社会建设各方面和全过程中，并设计了为人民创造良好生产生活环境的路径：绿色发展、低碳发展、循环发展。

（4）坚持把倡导绿色消费作为绿色经济发展的重要推动力。真正意义上的绿色消费是指在消费活动中不仅保证当代人的需要，更要保证子孙后代的消费需求、安全和健康。因此，必须确立绿色消费理念，倡导绿色消费。政府、公共机构带头节能减排，实现绿色采购，推广绿色生态产品，优先发展城市公共交通体系。

绿色经济涵盖了宏观经济活动的各个环节及各个层面。实现绿色经济的主要形态是低碳经济和循环经济。低碳经济的本质就是能源革命。低碳经济要求大量使用清洁能源，提高能源使用效率，减少碳排放，进而改善地球生态系统自我调节能力，是一种低碳排放、低生态环境代价、低社会经济成本的生态经济，是一种强可持续经济。循环经济的本质是一种现代生态经济模式，是实现绿色经济的具体手段。循环经济强调资源循环理念和循环利用资源的重要性，强调"3R"原则。循环经济的技术线路是非线性的、循环的，是降低生态稀缺性、实现经济社会发展生态化的全新经济形式。

四、促进绿色经济发展的对策建议

（1）深化财政体制改革，积极发展绿色财政，促进绿色经济发展。绿色财政就是为了保护环境，合理开发利用资源，推进清洁生产和绿色消费而建设的税收体系和其他政策工具。一方面，通过财政手段为技术创新提供资金支持，加速产业结构调整和经济发展方式转变，推动经济稳定可持续发展，促进绿色经济更好更快发展；另一方面，利用财政和税收政策，合理调配一切自然资源与公共资源。调整污染收费政策，促进高耗能、高污染行业承担其应承担的社会成本。完善有利于节能减排的财政税收政策体系，使节能者、减排者受益，高耗能、高排放者受罚。绿色经济将成为21世纪现代经济发展的主导模式。对政府部门来说，需要确定绿色财政公共投资的方向，实现政府绿色采购。扩大政府绿色采购范围和规模，利用公共财政购买全国性生态公共产品，对大江、大河、大湖、大海进行环保治理；利用公共财政购买生态资本进行生态环境建设。绿色财政税收政策是绿色经济发展的内在要求与基本保障，其最终目标是实现绿色发展。

（2）加强绿色经济市场基础设施与市场机制建设。发挥市场在资源配置中的基础作用，运用市场价格信号功能，制定价格形成机制，采用法律、行政手段，特别是价格、排放权交易、自愿协议、能源服务等经济手段和市场手段，研究生态补偿机制、绿色投融资机制等。生态补偿的目的在于维护生态平衡、保护生态环境，为人类的生存与可持续发展创造良好的环境和物质基础。要达到这个目的，必须创新自然资本核算的经济评价方法，通过政府协调和市场调节有效配置自然资源。因此，必须通过补偿机制创新给予生态投资者合理回报，激励人们进行生态投资并使生态资本增值。加快建立和完善绿色投资机制体制，扩大政府绿色投资，积极促进企业和社会环保投资，扩大民间资本投资，充分发挥各投资主体在绿色经济发展中的重要作用。

（3）将低碳技术研发纳入国家科技规划，推动绿色科技创新。发展绿色经济，关键是技术创新。首先，要实施国家绿色科技发展战略，创新和开发绿色技术、低碳技术。鼓励使用国内外所有绿色技术和低碳技术，通过学习、吸收、消化、创新发展各类绿色技术，包括工业技术、农业技术、节水技术、保护生态环境技术、节能减排技术等。其次，推动和刺激企业自主创新。企业是创新的主体，虽然追求利益最大化始终是企业的主要目标，但企业发展绿色经济既能获得更多物质利益，又能减少自然资本消耗，真正实现环境效益、经济效益和社会效益的统一。因此，现代企业必须进行绿色转型，走绿色企业建设之路。当前国际技术创新的前沿和热点领域是争夺低碳技术竞争优势。中国面临传统的资源依赖型、模仿、追赶式发展模式的挑战，但争夺低碳技术是加速向科技创新型、绿色低碳型发展方式转变的动力和机遇。人才是创新的主体，应加强人才培养，构建绿色科技创新型人才体系，营造尊才重才的环境。

参考文献

[1] [美] 托马斯·弗里德曼. 世界又热又平又挤 [M]. 王玮沁, 等, 译. 长沙：湖南科学技术出版社, 2009：114 - 115.

[2] [美] 比尔·麦吉本. 即将到来的地球末日 [M]. 束宇, 译. 北京：中信出版社, 2010：24.

[3] [美] 莱斯特·R. 布朗. B 模式 3.0——紧急动员 拯救文明 [M]. 刘志广, 译. 北京：东方出版社, 2009：12.

[4] 曹东, 赵学涛, 杨威杉. 中国绿色经济发展和机制政策创新研究 [J]. 中国人口·资源与环境, 2012（5）：49.

[5] 孙海燕, 孙杨. 绿金时代 [M]. 北京：中信出版社, 2010：174 - 175.

[6] 邓楠. 中国的可持续发展与绿色经济——2011 中国可持续发展论坛主旨报告 [J]. 中国人口·资源与环境, 2012（1）：2.

[7] 胡鞍钢. 中国式绿色发展的重要途径 [J]. 生态环境与保护, 2012（7）：93.

[8] 习近平. 携手推进亚洲绿色发展和可持续发展 [N]. 人民日报, 2010 - 04 - 11.

（与刘忠超合作完成，原载《科技进步与对策》2013 年第 24 期）

基于生态经济的绿色发展道路

党的十八大以来,习近平总书记在国内外不同场合反复强调"绿水青山就是金山银山"的思想。2015年3月,习近平主持召开中央政治局会议,通过了《关于加快推进生态文明建设的意见》,正式把"坚持绿水青山就是金山银山"的理念写进中央文件。至此,国内学界和政府部门从不同角度和高度对"绿水青山就是金山银山"的论述展开了理论探讨与实践探索。本文通过深入学习习近平总书记这一重要论述,探讨如何运用这一理论指引实践,以期能丰富"绿水青山"转化为"金山银山"的社会主义生态文明建设的理论基础,同时更好地提供实践引导。

一、"绿水青山就是金山银山"的绿色发展理论诠释

(一)"绿水青山就是金山银山"理论简明扼要且形象地概括了生态环境与经济发展的关系

2005年8月15日,时任浙江省委书记的习近平同志在湖州市安吉县天荒坪镇余村考察时指出,不能以牺牲生态环境为代价来发展经济。他明确指出:"我们过去讲既要绿水青山,也要金山银山,其实绿水青山就是金山银山。"时隔不久,习近平同志在《浙江日报》(2005年8月24日)上发表了题为《绿水青山也是金山银山》的文章,他指出:"我们追求人与自然的和谐,经济与社会的和谐,通俗地讲,就是既要绿水青山,又要金山银山。"他强调,"如果能把良好的生态环境优势,转化为生态农业、生态工业、生态旅游等生态经济的优势",那么"绿水青山也就变成了金山银山"。① 这反映了人类发展理念、发展方式的深刻变革,揭示了经济社会发展与生态环境保护的规律。2013年5月24日,习近

---

① 参见《"绿水青山就是金山银山"(一)——习近平同志在安吉余村考察时提出"两座山"科学论断纪实》,载人民网,2015年3月12日,http://leaders.people.com.cn/n/2015/0312/c121616-26681107.html。

平总书记在主持十八届中央政治局第六次集体学习时发表讲话指出,"要正确处理好经济发展同生态环境保护的关系,牢固树立保护环境就是保护生产力,改善生态环境就是发展生产力的理念","绝不以牺牲环境为代价去换取一时的经济增长,决不走'先污染后治理'的路子"①。在习近平总书记看来,生态与生命是等量齐观的。他在参加十二届全国人大三次会议江西代表团审议时强调,环境就是民生、青山就是美丽、蓝天也是幸福;要像保护眼睛一样保护生态环境,像对待生命一样对待生态环境;对破坏生态环境的行为,不能手软,不能下不为例[1]。这就要求我们绝不能用极大的生态代价和经济成本换取经济的发展。

2013年9月,习近平总书记在哈萨克斯坦那扎尔巴耶夫大学发表演讲时,再次表达其绿色发展思想,他提出"我们既要绿水青山,也要金山银山。宁要绿水青山,不要金山银山,而且绿水青山就是金山银山"[2],非常全面地阐述了绿水青山与金山银山的关系。这种全新的经典表述,厘清了生态环境保护与经济社会发展的关系,进而论述了如果一旦经济发展与生态保护发生冲突矛盾时,"宁要绿水青山,不要金山银山",必须毫不犹豫地把保护生态放在首位,不能损害和破坏绿水青山来换取金山银山。在习近平总书记的心中,生态环境保护是一条不可逾越的底线,是要用实际行动来捍卫的,而不是用来做表面文章和用来说漂亮话的。"绿水青山就是金山银山"阐述了保护生态环境就是保护生产力,明确中国必须把生态环境保护放在更加突出的位置。2015年1月20日,习近平总书记在云南考察时强调:"经济要发展,但不能以破坏生态环境为代价。生态环境保护是一个长期任务,要久久为功。"②

保护生态环境是一项重要国策,是利国利民利子孙后代的一项重要工作,决不能说起来重要,喊起来响亮,做起来"挂空挡",必须花大力气扎扎实实干实事。习近平总书记在2014年初考察北京时指出:"要加大大气污染治理力度,应对雾霾污染、改善空气质量的首要任务是控制PM2.5。"③ 习近平同志强调:"如果经济发展了,但生态破坏了、环境恶化了,大家整天生活在雾霾中,吃不到安全的食品,喝不到洁净的水,呼吸不到新鲜的空气,居住不到宜居的环境,那样的小康、那样的现代化不是人民希望的。"所以,彻底消除雾霾必须把生态文明建设摆在全局工作的突出地位,保护蓝天就是守望幸福,为人民群众提供更多更好的大气、水和更高的绿色覆盖率,为人民创造更美好的生产生活环境。

---

① 参见《习近平主持政治局第六次集体学习》,载《求是》2013年5月24日,http://www.qstheory.cn/gcyaolun/2013-05/24/c_1118570477.htm。

② 参见《习近平在云南考察工作时强调:坚决打好扶贫开发攻坚战加快民族地区经济社会发展》,载中国共产党新闻网,2015年1月22日,http://cpc.people.com.cn/n/2015/0122/c64094-26428249.html。

③ 参见《习近平:北京改善空气质量首要任务是控制PM2.5》,载人民网,2014年2月26日,http://politics.people.com.cn/n/2014/0226/c70731-24474710.html。

（二）绿水青山和金山银山绝不是对立的，而是内在统一的

1. 既要金山银山，也要绿水青山。绿水青山和金山银山是绿色和发展的内在统一，但也有矛盾。拥有良好的生态优势，如果能够把这些生态资源优势转化为生态经济的优势，那么绿水青山就能变成金山银山，只要我们保护好了绿水青山就一定能够带来金山银山，但是金山银山却不能买回绿水青山。建设好人与自然和谐相处的环境友好型、资源节约型社会，就是要让绿水青山源源不断地带来金山银山。生态资源优势变成经济发展优势，使生态与经济融合为一体，经济与环境就一定能变成和谐统一的关系。

绿水青山和金山银山之间是有矛盾的，但又可以辩证统一。可以说，这是从中国环境保护实践中对绿水青山和金山银山之间关系的认识得出来的，是我国发展实践催生的理论成果。我们对绿水青山和金山银山的认识水平是一个由低到高的递进过程，是发展观念不断变革的过程，是不断转变经济增长方式的过程，也是人与自然关系不断调整、不断趋向和谐的过程。传统的经济理论框架内，根本不考虑或者很少考虑环境的承载力，掠夺式开发和索取资源，也就是牺牲绿水青山去换取金山银山，结果引发生态危机、环境危机、能源危机、社会危机，影响社会稳定和破坏百姓身体健康和生命财产安全。工业时代里，社会经济高速发展和资源枯竭、环境恶化之间的矛盾不断凸显并开始激化，人们意识到生态环境是我们生存发展的基础，是生存之本，逐渐认识到了只有保住绿水青山，才能保持社会经济可持续发展。这时开始重视资源节约、环境保护和生态建设，"既要金山银山，也要绿水青山"。进入生态文明时代，绿色发展新理念使人们认识到绿水青山可以源源不断地带来金山银山，绿水青山本身就是金山银山。这种新的认识境界是建立在全新的以生态经济、绿色经济和绿色发展的新经济学平台之上的，我们逐渐地把生态环境优势变成经济发展优势，我们种的常青树就变成了摇钱树。

2. 既要绿水青山，也要金山银山。习近平总书记把经济发展与资源环境保护放在了同等重要的地位，将经济发展与环境保护联系起来了。金山银山，绿水青山，丢掉哪一座"山"，都不是人民群众希望的科学发展，都不能完全满足老百姓的愿望与利益需求。如果我们的"金山银山"没有与绿水青山结合在一起，那就不是理想的金山银山，这样的"金山银山"不可能持久。这种认识上的进步，已经成为我国大部分地区的发展历程和主要观念。牺牲绿水青山换金山银山，走的是一条"先污染、后治理"的道路，这一条道路在实践中是走不通的。

3. 宁要绿水青山，不要金山银山，而且绿水青山就是金山银山。宁要绿水青山，不要金山银山，而且绿水青山就是金山银山。这一阐述表明了我国经济已经由高速增长阶段转向高质量发展阶段，正处在转方式、调结构的增长期，突出

地强调了绿水青山的重要性,也凸显了"绿水青山"在习近平总书记心目中的重要地位。在经济增长与资源环境矛盾日趋尖锐的今天,当经济发展与生态保护发生矛盾冲突时,就必须毫不犹豫地把生态放在首位,坚持在保护中发展,在发展中保护。"绿水青山就是金山银山"论述给出了化解保护与发展的良方,破解了生态经济脱节的难题。保护绿水青山,直接关系到增大金山银山的发展后劲。干净的水、清新的空气、绿色的环境本身就是宝贵财富。绿水青山是人类社会存在和发展的自然条件,是基础和前提,有了绿水青山,才可以更好地做大做强金山银山。绿水青山已经成为提高人民生活质量与幸福指数的重要内容与稀缺资源,是幸福的财富。保护生态环境,正在成为一种新的时代精神、一种新的精神追求,是精神的财富。总之,要辩证看待经济发展和 GDP 增长,绿水青山金不换。

二、绿水青山与金山银山共赢并进的实践样板

中国已经进入了社会主义新时代,奏响绿色经济与绿色发展的新乐章。绿色发展,是绿色与发展的内在统一,既是理念又是举措。绿色发展就其要义来讲,就要是解决人与自然和谐共生问题,形成人与自然和谐发展现代化新格局。"绿水青山就是金山银山"思想植根实践,源于实践,又指导实践,引领实践。"安吉模式"和"江西样板"就是对"绿水青山就是金山银山"论述的贯彻和落实,让绿水青山充分发挥其优势,实现百姓富和生态美的完美结合。

(一)绿水青山与金山银山"双赢"的浙江湖州"安吉模式"

习近平总书记曾指出:"山高沟深偏远的地方要想富,恰恰要在山水上做文章。"这就需要想办法想思路,通过改革创新让贫困地区的各种要素资源(包括土地、劳动力、资产、自然风光等)都能够运用起来、活跃起来,自然资源可以变资产,资金可以变股金,农民也可以当股东,保护了绿水青山,做大了金山银山,贫困人口由此富裕了。习近平同志在调研中还发现,很多贫困地区、贫困村通过发展旅游扶贫、搞绿色开发绿色种养,找到了一条建设生态文明和发展经济相得益彰的脱贫致富新路子[①]。正是所谓思路一变天地宽,对于贫困地区而言,青山绿水、宜人景色等良好的生态环境变成了金山银山。经济的发展离不开生态环境,需要从自然界获取资源和能源,即生态环境是经济的重要物质基础。

浙江省湖州市安吉县,是浙江西北部的一个典型的山区县,为长江三角洲经

---

① 参见《在中央扶贫开发工作会议上的讲话》,永和党建网,2017 年 7 月 10 日,http://www.youghedj.gov.cn/info/1053/1819.htm。

济圈的中心,有着1800多年的建县历史,因气净、水净、土净,堪称"三净"之地。森林覆盖率达71%,植被覆盖率75%,这座绿意盎然的生态城市,是"我国首个生态县"。自2008年开始实施"中国美丽乡村"建设以来,湖州市安吉县通过近10年的"美丽乡村"建设行动,不断探索和寻找经济发展和生态文明建设的结合点和突破口。安吉"美丽乡村"建设实践证明了通过持续推进生态建设,改善生态环境,发展生态经济,实现经济社会的持续、协调、和谐发展,走绿色生态富民之路。

一是以"中国美丽乡村"建设为载体,推进社会主义生态文明建设在安吉农村的实践。安吉"美丽乡村"建设模式的最大特点:生态为本、农业为根,产业联动、三化(工业化、城镇化与农业现代化)同步,乡村美丽、农民幸福。"安吉模式"的要义是以"保护环境"和"资源永续利用"为核心,经过环境资源化、资源经济化、经济生态化三大步骤,坚持城乡协同并进,进而建立起环境优美、人与自然和谐、产业协调、发展潜力强劲、生态文化活跃的乡村示范。安吉人闯出了一条农业强、农村美、农民富、城乡和谐发展的道路,为全国社会主义新村建设积累了宝贵的经验。

二是以建设"美丽乡村"为载体,整体推进生态文明试点建设。安吉立足自身资源优势和美丽乡村建设的要求,选择竹茶产业和生态旅游业为主导产业,在开发资源的过程中实现农民增收致富,通过发展生态产业将资源优势转化为发展优势,实现生态与经济的双赢。第一,大力发展竹茶产业。竹产业的产业链不断延伸,价值不断提高,仅竹产业每年给农民带来11亿元收入。2014年,全县白茶种植面积达17万亩,种植户15800户,白茶产业链从业人员达20多万人次,农民每年种植白茶人均收入5800元。安吉强化竹茶产品的深加工,提高竹茶产品的综合利用率。不断提高竹茶制造技术,其中竹纤维技术获得了重大突破,促进竹茶产品的升级换代,安吉竹产品涉及板材、编织品、竹纤维、工艺品、医药、食品、生物制品、竹工机械等八大系列3000多个产品。第二,大力发展生态乡村休闲旅游。安吉建成了一批以"山林体验、民俗风情、自然景观"为特色的山村休闲旅游群落,利用本地的资源优势,打造乡村旅游产业,逐渐呈现出乡村的活力、富足、幸福、美丽,城乡差距日益缩减。近年来,安吉"农家乐"旅游人次、旅游收入年均增长率都在40%以上。仅2014年,就吸引游客1200多万人次,旅游总收入达127.5亿元。2014年,安吉农村居民人均可支配收入达到21562元,在2005年的基础上增加了67.5%[3]。

(二)生态保护与经济发展双赢的"江西样板"

江西是相对欠发达的省份,但有强大的生态资源优势。习近平总书记在参加十二届全国人大三次会议江西代表团审议时强调,环境就是民生、青山就是美丽、蓝天也是幸福。要像保护眼睛一样保护生态环境,像对待生命一样对待生态环境[1]。江西省委省政府认真贯彻落实习近平"绿水青山就是金山银山"的重要论述,以与全国同步实现全面小康为目标,牢固树立绿色崛起发展战略,把"绿水青山就是金山银山"的发展理念深入到江西发展之中。江西正确认识经济发展与生态保护既可共荣,也能互衰的真理,积极破解"生态与经济协调发展"这一世界性难题,坚持用生态经济理念推动社会经济发展。

传统的经济发展模式保留着生态与经济相脱离、人与自然不和谐的特征,从而使经济运行不能反映生态学真理。生态与经济协调发展是生态经济学的核心内容,强调运用生态经济学原理和系统工程的方法,建立开发与保护并重,人与自然和谐相处的可持续发展模式。生态经济的本质就是要求把经济发展建立在生态环境可承受的基础之上,在保证自然再生产的前提下扩大经济再生产,从而实现经济发展和生态环境保护的双赢。

保护,必须守住底线。江西省紧紧抓住建设生态文明先行示范区的历史机遇,"强化底线思维,强化底线管控,划定了生态红线、水资源红线和耕地红线,扎牢江西的绿色篱笆,创造生态盈余,为子孙后代留下永续发展的绿色财富"[4]。江西省第十二届人民代表大会第四次会议通过了《关于大力推进生态文明先行示范区建设的决议》(以下简称《决议》),《决议》划定并严守生态保护红线。严格水资源管理制度,通过实行最严格水资源"三条红线"(用水总量控制、用水效率控制、主要水功能区达标控制)管理制度,使任何单位、任何个人都不能踩、都不能碰这根"红线",即"高压线"。各级领导干部必须对禁止开发区、重要饮用水源保护区、重要江河源头、主要山脉、重要湖泊等生态功能及重要地区,实施严格管控,确保生态保护红线的安全[5]。保护,必须使政绩考核指挥棒向生态倾斜。建立符合生态文明要求的、有区别的、有侧重的绩效考核评价机制,把资源消耗和环境保护等生态文明建设的指标纳入领导干部考核评价体系中。加快推进流域生态补偿试点和鄱阳湖湿地生态补偿试点,在全国率先实施覆盖全境的流域生态补偿[5]。建立省、市、县三级"河长制",明确河流污染治理责任制,加大问责力度。同时建立以水质水量监测、水域岸线管理、河流生态环境保护等为主要指标的考核评价体系,考核内容纳入省政府对市、县科学发展综合考核评价体系和生态补偿考核体系。

发展就是硬道理。建设生态文明是一种更高层次的发展,"绿水青山就是金山银山"的理论,要求新时代的发展必须要转换思维,推动着发展理念、发展方式、发展模式的提升,实现绿水青山与金山银山的统一,实现经济发展与环境保护的双赢。"双赢"准确地道出了"换一种思维抓发展"的价值取向,生态文明的绿色经济具有双重价值取向,既要保证满足全体人民可持续生存与全面发展的需要和利益;又要保证满足非人类生命物种的生存健康与安全发展的需要和利益[6]。从发展理念出发,大力发展绿色经济。江西紧抓新一轮产业结构调整的机遇,加快构建现代生态产业体系,强化产业政策引导,合理规划布局。坚持走新型工业化道路,贯彻绿色发展理念,使新材料、新能源等战略性新兴产业绿色化,大力推进生态文明建设,发展绿色低碳循环经济,构建工业循环经济体系。从发展这个理念出发,江西强调大力发展高效生态的循环农业。以"百县百园"为平台推动现代农业发展跃上品质、品牌新高度,加快绿色、有机农产品基地建设[7]。也正是从发展这个理念出发,江西提出"像抓工业化、城镇化那样抓旅游",充分发挥生态优势,推动旅游强省战略,大力发展旅游业[8]。

"安吉模式"和"江西样板"特例性"试验"的成功,给绿水青山与金山银山的"共赢并进"绿色发展理念提供了具体的实践经验,也是对"绿水青山就是金山银山"论述贯彻和落实的最好证明。可以看出,经济发展落后的地区通过发挥地区资源优势,在保护好生态环境的前提下,依旧可以发展好地区经济,提升社会的经济效益。生态保护与经济发展从来都不是两个相互矛盾的概念,只要方法得当,我们是可以做到"既要绿水青山,也要金山银山,绿水青山就是金山银山",真正实现可持续的人民生活水平和幸福指数的提升。

三、加快实现"绿水青山就是金山银山"的路径

(一)树立自然生态系统思路抓生态建设

大自然是一个相互依存、相互影响的系统,各种自然要素相互依存而实现循环的自然链条。比如,山水林田湖是一个生命共同体,人的命脉在田,田的命脉在水,水的命脉在山,山的命脉在土,土的命脉在树。如果种树的只管种树、治水的只管治水、护田的单纯护田,很容易顾此失彼,最终造成生态的系统性破坏。习近平总书记强调,环境治理是一个系统工程,坚持保护优先、自然恢复为主,实施山水林田湖生态保护和修复工程,加大环境治理力度。必须统筹治水和治山、治水和治林、治水和治田、治山和治林等,全面提升自然资源生态系统稳定性和生态服务功能。必须把环境治理作为重大民生时刻紧紧抓在手上。要按照系统工程的思路,抓好生态文明建设重点任务的落实,切实把能源资源保障好,把环境污染治理好,把生态环境建设好,为人民群众创造良好生产生活环境。

(二)抓源头保绿水青山

蓝天白云、绿水青山是长远发展的最大本钱,保护好绿水青山,就是保护了它的自然价值和增值的自然资本。因此,要保住绿水青山必须抓好源头。2015

年11月27日，习近平总书记在中央扶贫开发工作会议上指出："许多民族地区地处大江大河上游，是中华民族的生态屏障，开发资源一定要注意惠及当地、保护生态，决不能一挖了之，决不能为一时发展而牺牲生态环境。"他强调："要把眼光放长远些，坚持加强生态保护和环境整治、加快建立生态补偿机制、严格执行节能减排'三管齐下'，做到既要金山银山，更要绿水青山，保护好中华民族永续发展的本钱。"2015年6月16~18日，习近平总书记在贵州考察工作时强调，要正确处理经济社会发展和生态环境保护的关系，在生态文明建设体制机制改革方面要先行先试，把提出的行动计划扎扎实实落实到行动上，实现经济社会发展和生态保护协同推进[9]。因此，必须着力推进机制创新，形成内生动力机制，举全力保护好"绿水青山"，做强做大"金山银山"。坚持以深化改革为动力。坚持绿色化为导向的供给侧改革，不断增加生态产品的有效供给，不断优化生态环境的"基础产品"，不断提升绿色发展的获得感、幸福感。通过生态文明体制改革，加快形成生态损害者赔偿、受益者付费、保护者得到补偿的运行机制，激发生态保护内生动力，实现绿水青山与金山银山的有机统一。

（三）坚持生态经济化和经济生态化

按照党的十九大和新党章的要求，大力推进社会主义生态文明建设，践行绿水青山就是金山银山理念，必须坚持生态经济化和经济生态化。

大力推进经济生态化。在经济建设中注重生态保护和环境污染治理，在发展经济时考虑环境容量和资源承载力，遵循资源节约、物质循环、生产过程低碳的生态理念，始终把生态学原理和生态文明理念运用到经济活动当中。在生态文明建设过程中，既要消化环境污染的存量问题，又要控制发展过程中可能形成的污染增量问题。解决这些问题，既要做加法，又要做减法。做大新兴产业，如光电信息、电子商务、循环农业等，淘汰一批落后的工艺和设备，淘汰一批高耗能、高污染、高排放的产能，淘汰一批僵尸企业，为新兴产业腾出发展空间；鼓励企业变废为宝，大力发展循环经济。

大力推进生态经济化。一是依托生态优势，在保护生态环境的同时把生态优势转化为经济优势，利用生态优势打造宜居城市，带动消费和经济增长。通过理念、思维、方式、价值观的提升和创新，将"生态优势""生态资本"变成"富民资本"。通过积极探索，创新体制机制。二是依托资源和环境优势，因地制宜发展一些以良好生态和环境为依托的旅游经济、休闲经济、林下经济等。绿水青山就是竞争力，是宝贵的财富。

参考文献

[1] 习近平. 环境就是民生，青山就是美丽，蓝天也是幸福 [N]. 中国青年报, 2015 -

03-07.

[2] 习近平. 弘扬人民友谊 共创美好未来 [N]. 人民日报, 2013-09-08.

[3] 严红枫. 浙江安吉：为美丽乡村建设提供指南 [N]. 光明日报, 2015-06-18.

[4] 刘勇. 奋力打造生态文明的江西样板 [N]. 江西日报, 2015-12-03.

[5] 王欢, 赵婉露. 江西划定生态保护红线 [N]. 信息日报, 2015-02-01.

[6] 刘思华. 生态文明与绿色低碳经济发展总论 [M]. 北京：中国财政经济出版社, 2011：5.

[7] 刘箐. 江西实施"百县百园"工程提速现代农业 [N]. 农民日报, 2015-08-24.

[8] 中共中央文献研究室. 十八大以来重要文献选编（上）[M]. 北京：中央文献出版社, 2014：507.

[9] 习近平在贵州调研时强调：看清形势适应趋势发挥优势 善于运用辩证思维谋划发展 [N]. 人民日报, 2015-06-19.

（与赵路合作完成，原载《创新》2018年第3期）

供给侧改革下绿色经济发展道路研究

供给侧改革,亦即供给侧结构性改革,是指从供给、生产端入手,通过调整经济结构,使要素实现最优配置,提升经济增长的质量和数量的过程。供给侧结构性改革是实现绿色经济发展的重要途径,改革的重点是解放和发展社会生产力。绿色经济是以生态经济协调发展为核心的可持续发展经济[1]。发展绿色经济的任务,就是既要形成生态、经济、社会和谐一体化的绿色经济形态,又要形成生态、经济、社会三种效益最佳统一的绿色经济模式。在深化改革中调整经济结构,使国民经济各部门、各行业、各领域都朝着生态化、绿色化方向发展,扩大绿色产品的供给。目前,我国的供给体系还存在一些缺陷:第一,粗放型生产已成惯例,高端产品明显不足;第二,传统产业产能过剩,新的有效供给不足;第三,企业绿色意识薄弱,"绿色供给"不足。因此,本文提出以绿色化为导向进行供给侧改革,实施绿色发展战略,构建绿色经济发展模式,扩大绿色供给,走出一条生态文明的绿色经济发展道路。

一、以绿色化为导向的供给侧改革

绿色是生命的象征、大自然的底色,包含着环保、低碳、高效、和谐的含义。"化"意指改变、革新、发展、教化。"绿色化"就是生产方式、生活方式与价值取向的多重改变,是制度建设和价值共识的彼此推进。"绿色化"这个词并非凭空制造出来的概念。早在1949年,《人民日报》就有一篇关于介绍苏联"绿色化"的文章,文中这个词的意思就是指"植树造林、绿化";进入20世纪90年代以后,这个词则开始被用在食品、生态农业等领域,表示有机、无公害等概念;再后来,这个词开始被用在建筑、化工、制造业、工程管理等领域,环保、生态友好的理念开始融入这些领域。"绿色化"本质上要求提高布局、生产方式、生活方式、价值理念的绿色化程度。"绿色化"是实现生态文明目标的一个抓手。绿色化不只是限于生态文明建设,还包括经济建设、政治建设、文化建设、社会建设的各方面和全过程。

供给侧改革与绿色发展的目标是一致的，为了实现中华民族永续发展，满足人们的物质文化和生态需要，提高人的可持续生存和发展能力，创造人们优美和谐的发展环境，实现人的全面发展。绿色发展是实现永续发展的必要条件，是人民对美好生活追求的体现，因此，在供给侧改革过程中，应着力突出绿色发展的理念，从加强绿色供给的角度推动供给侧结构性改革。供给侧改革为绿色发展提供制度安排和政策设计，绿色发展为供给侧改革增添动力。由此，我们认为，供给侧改革要以绿色化为导向。

以绿色化为导向的供给侧改革必须具有以下几个方面的特征。一是以人为本和以生态为本。以人为本的核心是着眼于每个人的全面发展程度的提高，进而实现人类社会的全面进步和发展。科学发展观的核心是以人为本，最终实现人与人之间、人与自然之间的和谐。以生态为本是以人为本的生态学表述，它本质要求强调自然界是现代人类生存与发展的生态基础，生存环境是经济社会发展的基础。强调以人为本和以生态为本的绿色化改革，就是一切经济社会活动和产品、服务供给都要以人类健康和环境保护为前提，倡导生产绿色、供给绿色、消费绿色，实现人与自然和谐统一、生态与经济协调发展[2]。二是生态经济优先发展。也就是说，在经济发展中必须坚持生态经济学强调的生态合理性优先原则。其核心是建立生态优先型经济，即以生态资本保值增值为基础的绿色经济，绿色经济是对工业文明及其黑色经济形态的批判、否定和扬弃，是在此基础上的生态变革和绿色创新，既要形成生态和谐、经济和谐、社会和谐一体化的绿色经济形态，又要形成生态效益、经济效益和社会效益相统一的绿色经济发展模式。三是生产清洁。供给侧绿色改革，就是用改革的方法推进结构调整，提高全要素生产率。强调零排放或排放减量，要求生产、流通、分配、消费全过程实施清洁化；要求产品生产、加工、运输、消费全过程对人体和生态无害化；提高不可再生资源的使用效率，延长产品使用周期；减少污染物的排放和废弃物的循环利用；提供更多满足人们物质文化和生态需要的绿色产品。四是协调发展。协调不等于均等，也不等于同步。协调的着力点是促进新型工业化、信息化、农业现代化、城镇化同步发展，不断增强发展整体性。协调关键在于成果共享。五是民生福祉。绿色发展理念以绿色惠民为基本价值取向。以绿色化为导向的供给侧改革，强调提供环境友好的公共资源、环境和产品，因此，我们必须加强生态环境保护，保护生态环境就是保护民生，改善生态环境就是改善民生。加大改革力度，不断发展生产力，提高生态环境质量。加强生态修复，提高生态安全，划定生态红线和资源利用红线，扩大生态空间，提供更多的有益于人体生态健康的绿色产品。

二、绿色发展是供给侧改革的重要任务

党的十八大首次把绿色发展（包括循环发展、低碳发展）写入党代会报告，使绿色发展成为具有普遍合法性的中国特色社会主义生态文明发展道路的绿色表达，它是绿色发展与绿色崛起的科学发展道路[3]。

绿色发展是一种新的发展模式，它是在传统发展模式基础上的一种模式创新，建立在生态环境容量和资源承载力的约束条件下，将环境保护作为实现可持续发展重要支柱的一种新型发展模式[4]。简而言之，传统发展模式是没有前途的、不可持续的，新的绿色发展机遇已经出现并蓬勃发展。2010 年 6 月 7 日，胡锦涛同志在中国科学院第十五次院士大会、中国工程院第十次院士大会上对"绿色发展"的内涵作了明确阐述："绿色发展，就是要发展环境友好型产业，降低能耗和物耗，保护和修复生态环境，发展循环经济和低碳技术，使经济社会发展与自然相协调。"绿色发展能使社会经济发展摆脱对高资源消耗、高碳排放和高污染（"三高"）的依赖，是对传统发展模式的深刻变革，它将会带来生产方式、消费方式、组织模式、商业模式等全方位全过程的改变[5]。绿色发展是绿色与发展的有机结合，即习近平总书记所说的"绿水青山就是金山银山"。只有绿色没有发展不叫绿色发展，同样只有发展没有绿色也不叫绿色发展。绿色可以用"低消耗、低污染、低排放"来表示，发展可以用"高效率、高效益、高循环"来表示。

因此，我们不能用工业文明的思维框架来思考绿色经济发展，也不能用环境经济学思维框架来思考绿色经济发展，必须用生态文明与可持续经济学发展的思维来考虑绿色经济发展，必须以生态马克思主义经济学哲学思维来思考绿色经济发展。刘思华先生按照建设生态文明的本质要求与实践指向，把绿色发展表述为："以生态和谐为价值取向，以生态承载力为基础，以有益于自然生态健康和人体生态健康为终极目的，以绿色创新为主要驱动力，以经济社会各个领域和全过程的全面生态化为基本路径，旨在追求人与自然、人与人、人与社会、人与自身和谐发展为根本宗旨，实现代价最小、成效最大的生态经济社会有机整体全面和谐协调可持续发展。"[6]

十八届五中全会提出绿色发展理念，是生态文明时代的发展之路。在绿色发展领域，绿色发展转型是供给侧重要的改革任务。供给侧改革背景下的绿色发展，必须致力于服务社会经济供给侧的优化进程，主要包括以下几个方面：通过严格的环境保护制度强化对于低端供给侧发展的约束，着重建立和完善多层次、有弹性的环境监管体制，建立健全有利于供给侧改革的政府一体化管理服务体制

和政府考核机制;通过市场中的信息披露机制、声誉机制、公众监督机制等加强与资本等其他要素的结合,如发展绿色财政、绿色金融、绿色保险等制度,来确保市场经济沿着绿色轨道发展;通过引入绿色供应链管理制度,确保供给侧在全生命周期上的绿色化,加快建设以资源节约、环境友好为导向的采购、生产、营销、回收及物流体系,制定严格的绿色产品标准,依据政策形成合理的易被消费者接受的绿色产品价格,推行绿色产品认证机制和评估标准,满足即将兴起的全球绿色消费需求;实施符合国际规范的企业环境责任制度,提高事中事后环境监管水平。只有切实推行和遵循绿色发展理念,加大供给侧结构性改革力度,才能真正使中国经济走出生态环境恶化的泥沼,重新找回绿水青山和蓝天白云[7]。

三、供给侧改革推进绿色经济发展的逻辑思路

绿色发展的经济学诠释,就是绿色经济与绿色发展内在统一的绿色经济发展。21世纪中国绿色发展道路在经济领域内就是绿色经济发展道路。我国改革开放30多年,经济发展规模迅速扩大,快速成长为工业文明经济大国,这是世所罕见的。然而,它所付出的自然生态环境代价也是巨大的。目前中国生态足迹不断增加,生态赤字日益扩大,良好的自然生态环境已经成为最为短缺的生活要素、生产要素及生存发展要素。这就决定了生态环境问题是严重制约中国经济科学全面、协调可持续发展的短板。供给侧结构性改革是实现绿色发展的重要途径,通过推进供给侧改革补生态短板,坚持实施绿色经济发展战略,推动能源生产革命,增加有效供给和绿色供给。

(一)坚持实施绿色经济发展战略增加绿色供给

绿色经济发展战略是把自然生态系统、经济系统、社会系统视为一个密不可分的有机整体系统,综合考虑人口、资源、环境和经济、科技、文教综合的协调发展,以构建一个适应自然生态持续性发展、经济持续性发展、社会持续性发展的全面优化、统筹、协调、健康的经济发展战略框架,谋求经济持续发展能力的提升,最终促进人与自然全面协调发展、人与人全面协调发展,建立起生态与经济良性循环的关系。其内涵主要体现在以下几个方面[2]:

1. 绿色经济发展战略是通过大规模的生态建设使生态环境从"生态赤字"走向"生态盈余"的战略。绿色经济发展战略是一种兼顾经济发展与环境保护的生态经济优先选择战略。它区别于过去发达市场经济国家和广大发展中国家那种拼生态、耗资源以换取经济增长的传统发展战略。在传统发展战略指导下的发展道路,是一条以牺牲生态环境为代价实现工业化的发展道路。这条道路名义上是

通过完全自由竞争的市场机制作用达到了所谓资源合理配置，实际上是通过扭曲生态资源价格，以自然资源的极大浪费和生态环境的巨大破坏来实现工业化。资本主义工业化的实现，以致现代化的发展，给人类造成了两个极其严重的恶果：一是自然资源耗竭与短缺；二是生态环境污染与破坏。这种工业化模式是一种破坏生态环境的发展模式，使生态资本存量不断减少以致"生态赤字"日益严重，不能维持未来经济的发展，因而是一条无法持续发展的道路。

绿色经济发展实行经济发展与环境保护二者兼顾，生态经济优先发展，遵循生态学的基本原理，实行生态与经济协调发展的战略。坚持生态优先发展，就是把持续发展与协调发展有机统一起来，使两者不断深化和完善。坚持生态优先发展，就是要求人们把市场法则转移到生态法则的轨道上来，自觉地协调经济活动与生态环境的关系，把保持生态系统良性循环放在现代经济发展的首要地位。

当今中国的客观现实还是一个加速工业化的发展中国家，刚走过发达国家100多年所走过的工业文明发展历程，成为以工业文明为主导形态的工业大国。因此，我们必须也应当摆脱与摒弃过去所走过的工业文明高碳、高熵、高代价的黑色发展道路，积极探索生态文明的绿色发展道路。通过实施绿色经济发展战略，保护环境，节约资源，发展绿色经济，保持生态资本非减性并有所增值，使生态赤字逐渐减少，促使人与自然关系趋向缓和，从而使人类进入生态赤字缩小或"生态盈余"。

2. 绿色经济发展战略是重视生态需要、增加生态产品生产能力的战略。社会主义生产和社会主义市场经济所要满足的人类需要，不仅是物质需要、精神需要，同时还应包括生态需要，即作为自然的人对生态环境系统产品的需求。没有生态需要的人类需要是不完整的，没有满足生态需要的社会主义生产目的也是不完整的；只有物质需要、文化需要和生态需要的结合，才能构成现代人类全面发展的消费需要。

党的十八大报告集中论述大力推进生态文明建设，其中在提到加大自然生态系统和环境保护力度时强调，要增强生态产品生产能力。"生态产品"是十八大报告提出的新概念，是生态文明建设的核心理念。过去我们定义产品是从市场的角度，现在我们必须从生态的角度来定义产品，也就是在物质产品生产过程中不再破坏生态[8]。关于什么是生态产品，现在没有权威和统一的定义，百度百科的定义是"指维系生态安全、保障生态调节功能、提供良好人居环境的自然要素，包括清新的空气、清洁的水源和宜人的气候等。生态产品的特点在于节约能源、无公害、可再生"。随着人民生活水平的提高和生态环境的恶化，老百姓对优质生态产品、优良生态环境的需求越来越迫切。习近平同志在中共中央政治局就大力推进生态文明建设进行第六次集体学习时强调，"要实施重大生态修复工程，增强生态产品生产能力。良好生态环境是人和社会持续发展的根本基础。人民群众对环境问题高度关注。环境保护和治理要以解决损害群众健康的突出环境问题为重点,坚持预防为主、综合治理,强化水、大气、土壤等污染防治,着力推进重点流域和区域水污染防治,着力推进重点行业和重点区域大气污染治理。"①

当前,增强生态产品生产能力的着力点在于要重视生态修复,让自然生态系统休养生息。由于生态系统给人类提供各种利益,总体上是公共所有或公共享有的,因此,生态产品一般具有公共产品的性质。为此,政府是生态产品的主要制造者和提供者,同时,政府也要为生态产品的私人提供者提供制度激励。比如制定实施绿色财政、绿色税收、绿色投资、绿色信贷等政策,实行生态补偿制度等。

因此,实施绿色经济发展,就要改变传统的忽视人类生态需要的观点,牢固确立生态需要是现代人类最基本需要的观点,用绿色农业产品、绿色工业产品、绿色旅游产品及绿色公共服务最大限度满足现代人类的绿色消费需要。

(二)推动能源生产革命扩大绿色供给

绿色能源是环境保护和良好生态系统的象征和代名词。绿色能源既是解决环保和能源的危机,也是绿色经济发展的最好切入点和新的增长点。绿色经济发展需要绿色能源作支撑,绿色能源保障社会经济可持续发展。因此,在世界金融危机和能源危机之后,各国政府都在反思能源发展策略并采取应对措施,从发达国家的历史经验来看,主要有开源和节流两种策略思路。

供给侧改革必须注重推动能源革命,也就是"能源生产革命",主要是指能源形态的变更以及人类能源开发和利用方式的重大突破。能源消费是一定时期内物质生产与居民生活消费等部门消耗的各种能源、资源。习近平总书记就推动能源生产和消费革命提出五点要求:"第一,推动能源消费革命,抑制不合理能源消费。第二,推动能源供给革命,建立多元供应体系。第三,推动能源技术革命,带动产业升级。第四,推动能源体制革命,打通能源发展快车道。第五,全方位加强国际合作,实现开放条件下能源安全。"② 能源革命的关键在于推动能源多元化发展,大力提高清洁能源供应比例。从供给端来看,能源必须朝着绿色、低碳的方向转变。

能源技术创新是能源革命的基础支撑和动力源泉。中国要走出一条新型的能源发展道路,构建起高效、绿色、安全的能源系统,不仅需要新兴的可再生

---

① 参见《习近平:坚持节约资源和环境保护基本国策 努力走向社会主义生态文明新时代》,中国共产党新闻网,2013 年 5 月 25 日,http://cpc.people.com.cn/n/2013/0525/c64094 - 21611332.html。

② 参见《习近平:积极推动我国能源生产和消费革命》,新华网,2014 年 6 月 13 日,http://news.xinhuanet.com/politics/2014 - 06/13/c_1111139161.htm。

能源技术和智能能源技术，需要非常规油气技术和核电技术，还需要传统的节能技术和煤炭清洁高效利用技术。能源技术创新对保障国家能源安全至关重要。能源技术创新需要政府的支持和投入，特别是提高技术标准、制定鼓励性政策等方面。为了保证中国的能源安全，我们必须大力发展清洁能源技术。一是立足中国的国情，把握能源技术创新的重点方向和领域，依托重大工程，以重大科技专项攻关为抓手，力争突破页岩油气、深海油气、可燃冰、新一代核电灯能源领域的一批关键性技术；同时加强国内能源创新体系和能源装备工业体系建设，推动能源装备国产化、产业化，并以能源装备制造创新平台建设为纽带，加快能源科技成果转化，抢占绿色能源技术的制高点。二是紧跟国际能源技术革命新趋势，拓宽视野，积极吸收国际上成熟的技术和经验，推动页岩油气开采技术、大电网技术等国际先进技术在国内应用；积极加强国际合作，有效利用国际能源资源，不断优化我国能源结构[9]。优化能源结构的路径是：降低煤炭消费比重，提高天然气消费比重，大力发展风电、太阳能、地热能等可再生能源，安全发展核电。

能源体制变革是能源革命的保证。能源领域的体制改革与制度创新，需要与技术创新同步推进，落后的体制机制会阻碍技术创新。我国能源领域的体制改革面临着复杂的情况，对能源领域该不该市场化、哪些领域该市场化、如何市场化和打破垄断争论不休，相应监督管理机制的转型难以推进。因此，能源体制改革的重点和核心是：第一，加快政府职能转变，要真正做到政府职能的合理转变和政府作用的有效发挥，必须实现从"功能泛化的传统能源管理体系"向着"功能分化的现代能源管理体系"的转变；[10]第二，还原能源的产品属性，为市场在能源配置中起决定性作用创造条件，坚定不移地推进改革，构建有效竞争的市场结构和市场体系，放宽市场准入，推动能源投资主体多元化，形成主要由市场决定能源价格的机制，建立健全能源法律法规体系，建立节能减排长效机制，促进绿色能源的使用。

参考文献

[1] 刘思华. 绿色经济论 [M]. 北京：中国财政经济出版社，2001：1-6.
[2] 高红贵. 绿色经济发展模式论 [M]. 北京：中国环境出版社，2015：98-99.
[3] 刘思华. 科学发展观视域中的绿色发展 [J]. 当代经济研究，2011（5）：67-70.
[4] 林智钦. 以供给侧结构性改革推进绿色发展 [N]. 经济日报，2016-05-26.
[5] 杨良敏，姜巍. 中国为什么要走绿色发展道路 [J]. 中国发展观察，2012（8）：44-48.
[6] 刘思华. 生态马克思主义经济学原理 [M]. 北京：人民出版社，2014：578.
[7] 李志青. 从供给侧改革的角度看绿色发展 [N]. 中国环境报，2015-12-23.
[8] 高红贵. 为美丽中国创设制度基石 [N]. 湖北日报，2012-12-12.

[9] 黄晓勇. 新常态下能源革命蓄势待发 [N]. 人民日报, 2015-05-06.

[10] 周志霞. 能源改革何以步履维艰——访国务院发展研究中心研究员宣晓伟 [J]. 中国石油石化, 2015 (9): 38-42.

(与罗颖合作完成, 原载《创新》2017年第6期)

低碳经济结构调整运行中的财税驱动效应研究

一、引言

当前,气候变化问题已从单一的科学问题,上升为全球性的政治、经济和社会问题(张志强,2009)而根据 IEA(2009)的统计数据,2007 年中国因消费化石燃料排放 CO_2 超越美国,碳排放量居全球第一。不仅如此,随着社会经济的持续高速发展以及在此过程中能源消费量的不断增加,中国碳排放量将会进一步上升。在全球气候变暖、环保呼声日趋为世人所关注的背景下,我国面临的碳减排压力将持续加大。从我国社会经济运行中能源消耗的总体情况看,存在明显的能耗过高、能源消耗结构不合理与部门碳排放量集中等现状,如在能源消耗效率方面,我国 2007 年的单位 GDP 能耗 1.16 吨标准煤,比世界平均水平高 2.2 倍;在能源结构方面 2006 年一次能源消耗中,煤炭、石油与天然气三种高 CO_2 排放燃料消耗占比分别为 69.4%、20.4% 和 3.0%,清洁占比增幅较为缓慢。[①] 现有统计数据显示,能源消耗主要集中于工业和交通运输等几大部门。这些都表明能源和环境问题已成为制约我国经济可持续发展的主要窒碍因素。在此情况下,英国于 2003 年率先提出低碳经济这种全新经济发展模式,为包括我国在内的诸多国家提供了一个有效解决方案,在共同应对全球气候变暖及资源环境保护压力的大趋势下,采用低碳经济有助于我国在未来保持国际竞争力和发展潜力,并在气候变化背景下实现可持续发展。尽管如此,我国当前发展低碳经济仍存在诸多困境,主要表现在以下几个方面:首先,低碳经济发展需要综合采用行政、经济及市场等手段,而我国现阶段主要依赖行政管制节能减排,市场经济手段运用不足,企业能源消耗、环境污染成本约束弱化;其次,能耗大、排污多的行业集中,但由于利益纠结,却没

---

① 根据《中国能源统计年鉴 2009》相关数据整理计算。

有强力措施扭转这一现状;再者,资源价格扭曲导致激励约束机制效率低下,能源价格尚无法充分体现其稀缺性、环境资源低成本甚至零成本现状持续,造成我国经济运行陷入资源贫乏、能耗低效及污染严重的尴尬局面。

要改变现状,需要在保持严格管制条件下,有效采取经济措施进行调节,在此过程中,政府的引导尤其是财税杠杆将发挥主导作用,这已为多数研究者认可。而如何才能发挥财税变动对产业结构调整、技术创新以及资源高效利用的诱导作用,进而实现社会经济持续发展与低碳经济并行的目标,这是亟待解决的问题。而要解决这一问题,首先就要分析我国经济运行中财税杠杆与产业结构调整、技术创新驱动间的互动关系,进而探究财税诱导调整影响碳排放变动的路径,如此方能有的放矢地制定合理的碳排放政策,从而有效实现以低能耗、低污染及低排放为基础的低碳经济模式。

二、文献综述

国内外关于中国碳排放方面的研究文献较为丰富,分别从问题产生的原因、影响、演进趋势以及应对措施等方面展开深入分析。在碳排放的诱致因素方面,Shretha 和 Timilsina(1996)通过对包括中国在内的亚洲 12 国电力行业 CO_2 强度变化计量分析发现,燃料强度变化是导致中国电力行业碳排放变动的主要因素,而 Ang 等(1998)和 Liu 等(2007)通过对中国工业部门 CO_2 排放的分解研究发现,工业产出与工业部门能源强度变化与碳排放间存在密切关系,且工业部门结构变化在一定程度上减少了 CO_2 排放量。Feng 和 Zou(2008)的研究显示,经济发展和人口增长是碳排放增加的主要驱动力,而能源效率提高有助于抑制碳排放量的增加。此后,宋德勇等(2009)通过计量研究发现中国不同阶段经济增长方式差异是碳排放发生波动的重要原因。在此基础上,Ang(2009)的研究指出,技术创新与研发强度与碳排放量间存在负相关关系,且高能源消费、高贸易开放度将导致更多的碳排放,而张友国(2010)的研究则表明,经济发展方式变化在很大程度上有助于抑制经济运行中碳排放的强度。

在能源消耗以及由此造成碳排放扩大的研究方面,Mongelli 等(2006)通过对本国商品贸易中能源和 CO_2 含量进行计算后发现,国际贸易易于造成"碳泄露",Stiglitz(2006)等持有类似观点。林伯强和庄贵阳(2009)从我国所处的工业化阶段角度阐述了减排的困难性。邓楠(2009)认为中国"世界工厂"角色是阻碍低碳经济发展的因素之一。陈诗一(2009)采取定量的分析方法,研究了能源消耗,认为二氧化碳排放严重影响了中国工业可持续发展。蔡昉、都阳、王美艳(2008)提出粗放式经营方式导致的能源利用效率低严重阻碍了经济模式向低碳转化。金乐琴、刘瑞（2009）认为：中国产业处于全球产业分工体系中正"U"型的底端，中国出口的商品相当一部分为高能耗、高污染的行业生产，这在一定程度上将限制中国低碳经济发展模式的选择。

关于碳排放应对方面的研究，兰宜生等（2010）研究认为，"高出口、高能耗、低效率"的出口模式会导致出口越多，消耗越大，排放越多，这不具有可持续性，主张依据能耗强度高低分别实施有差异的产业出口政策以调整产业结构。而沈可挺等（2010）从碳关税对我国工业品生产、出口及就业的潜在影响角度展开研究，认为碳关税政策将对中国工业各方面产生严重冲击，据此主张改变现有工业品出口结构，降低能源消耗和碳排放密集度。刘再起等（2010）通过对各国产业结构的计量分析发现，几乎所有产业发展均会增加碳排放量，但三次产业的影响度呈逐次递减趋势，并据此认为调整产业结构是实现低碳经济模式的前提及有效路径。现有研究深入分析了碳排放变动的驱动因素、影响以及演变趋势，在此基础上提出了相关应对措施，但从政府财政诱导机制角度分析，进而对相关政策与碳排放变动间关系进行的研究较为缺乏。

借鉴已有研究，如关于反倾销税的价格效应（朱钟棣等，2004）、奥运投资对经济的拉动作用（张亚雄等，2008）以及 Zhang（2010）的各因素对碳排放的影响等，本文拟引入计量模型分析方法，研究财税在部门、产业间的倾斜变动对碳排放的影响效应，进而提出相关应对政策。

三、模型设计与实证分析

（一）模型设计分析与数据来源

1. 模型设计分析。碳排放总量计算通常采用 Kaya 恒等式里的单位能耗排放总量计算方法，公式为：排放总量 = 人口 × 人均 GDP × 单位 GDP 能源消耗量 × 单位能耗排放量，由此可见人口增长、单位 GDP 能源消耗量以及单位能耗排放量是约束碳排放的三个重要因素，本文从生产投资运行角度展开分析，故主要考虑后两个影响因素。

根据已有研究及各部门、产业生产运行流程，财政投资的资金投向作用会引导相关产业扩大或缩小生产项目，以及作出技术提升投资与否的决策，在此过程中，财政投资会通过项目运行对上下游行业起到调节作用，如果在财政投资过程中进行倾斜性引导，如财政招标、专项资金拨付等，那么可能会在能源消耗效率提高及排污减少两方面发挥积极作用。而税费征收对能源消耗及碳排放的传导机制如下：实施税费征收结构调整→商品生产成本变动→企业生产经营利润变动、商品价格变动→能源需求降低、碳排放下降与产出可能下降。

从这一传导机制可以看出，税费变动将会通过对生产成本而间接作用于企业生产经营活动，最终会引起企业采取措施减少能源需求、降低碳排放，在短期内可能会影响到最终产出量，从而会对经济增长产生消极影响，只有将这种方法的短期和长期影响进行综合考量，才能采取有效措施。若长期内能够实现经济的持续良性发展与低碳经济并重，就可以在短期内考虑整体调整税费征纳政策，但如果长期内会损害到经济增长，且碳排放减少幅度较低，则需要在调整部分部门的税费征纳结构的同时，适当对相关部门加大技术创新、碳排放容纳指标等，以便保障社会经济的平稳运行。

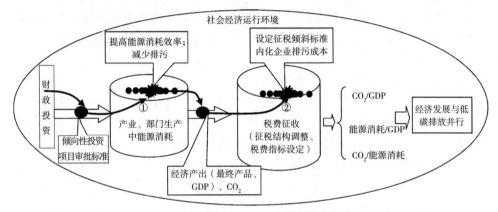

图1 低碳经济模式中的财税双重诱导机制

对于生产部门来说，其资源投入产出主要是两方面内容，即经济性最终产品（表现为 GDP 的变动）和环境污染品（此处主要分析 CO_2）。若在税费征收过程中设定三个量化指标，即 CO_2/GDP、CO_2/能源消耗量、能源消耗/GDP，则可以依据这一生产能耗排污标准调整征税结构及设定税费指标，这将有助于实现企业能耗、排污成本内化，从而强化企业能耗降低及减排的动力（见图1）。根据以上分析，我们设定 CO_2 排放量为因变量，设为 Q_c，单位产出能耗设为 Q_e，能源消费结构以煤炭的消费占比为重要考量因子，设为 x，财政投资额①及税费分别为 K、T，固定资产投资设定为 K_1，资源税设定为 T_z。

根据以上分析，设定一般投入产出模型，方程为：

$$y_i = \beta_0 + \beta_i X_i + \mu_i$$

其中，y 指代单位产出能耗和碳排放量，x 指代自变量。

---

① 由于数据收集原因，这里的财政投资额以固定资产中的中央和地方所属企业固定资产投资为替代值。

2. 数据来源。其中，能源碳排放系数采用 IPCC 碳排放计算方法（2006），各部门碳排放量及能源消费总量、能源消耗程度主要根据历年《中国能源统计年鉴》《中国统计年鉴》（2009 年）及 EIA 统计数据进行整理计算得出，能源国际价格数据根据 BP《2009 年世界能源统计年鉴》整理。固定资产投资数据引自《中国统计年鉴》（2009），由于是从财政投资角度分析，故这里以国家预算内资金作为替代值。GDP 数据引自《中国统计年鉴》（2009）。能源消费结构是以煤炭消费占能源消费总量的比重为替代值。由于数据收集存在限制，财政支出中，2007 年、2008 年数据采用与本文分析相关项目如一般公共服务、工业商业金融等事务、交通运输、环境保护等加总得到，其他年份均采用各年经济建设费用支出额；引入企业所得税作为税费征纳这一影响因子的替代值；这部分数据均根据国研网数据中心相关部分搜集整理。为消除价格因素对相关经济变量的影响，相关数值均以 1990 年为基期调整为不变价格下的实际值，同时，在计量分析中，通过对变量取常用对数以剔出异方差影响。

（二）实证分析

首先，分析碳排放量、能源消费与固定资产投资、一般性税费、能源系数间的关系，回归结果显示，$R^2 = 0.9700$，碳排放与影响因子间的计量模型整体拟合度较优，$F = 161.4350$（Prob = 0.0000）表明整体显著；在能源消耗与相关影响因素间的计量模型分析显示，$R^2 = 0.9140$，模型整体拟合度较优，$F = 531720$（Prob = 0.0000）表明整体显著（见表1）。

表1　能源消耗、碳排放与财政支出、能源系数及平均一般税回归模型分析结果

变量	Q_c		Q_e	
	系数	t 值	系数	t 值
C	5.8189 ***	21.1351	4.0236 ***	8.4487
X	2.5619 ***	1.6873	2.4393 **	2.2741
K	-0.5157 ***	5.7671	0.5689 ***	3.6781
T	0.1495 ***	3.1155	0.0599	0.7219

注：*** 表示 1% 的置信水平下通过显著性检验，** 表示 5% 的置信水平下通过显著性检验。

计量分析结果显示，财政投资与税费变动与单位产出能耗及 CO_2 排放量间存在较显著的相关性，而能源结构系数变动将显著影响单位产出所消费的能源量及碳排放量。从投资变动角度可以发现，若财政投资结构调整，有重点地向能耗降低及碳排放减少产业或行业投放，并在技术创新方面设置抑或增加专项资金投放，则

将在一定程度上有助于激励企业碳排放约束力度。而从税费调整角度分析，税费变动相当于能源价格在初始价格基础上发生变动，这将直接作用于企业生产成本，由于企业以利润最大化为生产经营目标，价格即成本的变动将有效作用于企业生产采购预算，并要求生产运营部门采取措施提升能耗效率、降低碳排放量。

进一步分析可以发现，一般税费变动后将在初始时引致单位产出所消费的能源量及单位产出碳排放量大幅降低，并有效改善已有的能源消费结构，即减少消耗煤炭。但在税费调整到一定程度后，税费变动对能源消耗、碳排放及能源消费结构的影响会有所下降，具体到对能源消费结构与碳排放的影响，则会发生反复，即使税费继续增加，但能源消费结构以及由此引起的碳排放问题也很难改变甚至会出现碳消费大幅攀升的情况。这可能与能源供求缺口的存在及其他能源供给存在困难有关，说明如果无法改变能源供求现状并增加技术创新投入以大幅增加其他能源供应，那么单纯依靠税费调整可能无法改变现阶段能源消费现状及碳排放危机（见图2）。

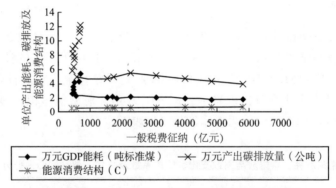

图2 税费征纳与能耗、碳排放及能源消耗结构变动

由上述计量分析发现，一般性税费变动与万元产出碳排放、万元产出能源消耗量间的关系并不显著，为此，可以引入资源税、财政支出，再次分析财政支出与税费变动对能源消耗及碳排放间的联系。回归结果显示，$R^2 = 0.8065$，碳排放与影响因子间的计量模型整体拟合度较优，$D.W. = 2.6200$，大于0.05显著性水平的上限临界值1.551，不存在序列自相关，$F = 5.5576$（$Prob = 0.0655$）表明整体显著；在能源消耗与相关影响因素间的计量模型分析显示，$R^2 = 0.9304$，模型整体拟合度较优，$D.W. = 2.0171$，大于0.05显著性水平的上限临界值1.551，不存在序列自相关，$F = 17.8263$（$Prob = 0.0089$）表明整体显著。计量分析结果显示，资源税变动与碳排放量、能源消耗间存在明显的负相关关系，而不加调整的财政支出增加将会引起碳排放量的持续上升（见表2）。

表2　能源消耗、碳排放与财政支出、能源系数及能源税回归模型分析结果

变量	Q_c		Q_e	
	系数	t值	系数	t值
C	9.9464*	2.4889	3.5881*	2.5353
x	8.3604	1.6873	1.3811	1.7548
k	0.2593	0.4865	-0.0827	-0.4380
T_z	-0.5599	-1.2540	-0.1176	-0.7440

注：*表示10%的置信水平下通过显著性检验。

从数据分析结果发现，资源税变动将直接导致社会经济运行中消耗的能源量大幅降低，而碳排量则是从初始的持续上升后大幅下滑，这说明，资源税在变动前并没有被企业纳入运营成本中，但随着资源税的大幅持续上涨，将迫使企业考量成本收益，这将有助于降低碳排放量（见图3）。

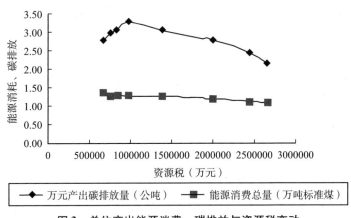

图3　单位产出能源消费、碳排放与资源税变动

（三）我国能源消费中存在的问题分析

从现有统计数据中可以发现，我国2008年一次能源耗费居高不下，其中，碳排放比重较高的煤炭消耗远远高于国际现有平均水平，这一现状要求我国考虑调整能源消耗结构。而财税杠杆在诱导耗能单位在生产运行中调整能源消耗结构方面将发挥显著作用，计量分析结果也表明，尽管财税调整可能在短期内削弱经济增速，但从长期来看，有助于实现经济持续快速发展与低碳排放并行的良性经济运行格局（见表3）。

表3　　　　　　　　2008年世界各国一次能源消费量及结构　　　单位：百万吨油当量

	石油	天然气	煤炭	核能	水电	合计
美国	884.5	600.7	565.0	192.0	56.7	2290.0
德国	118.3	73.8	80.9	33.7	4.4	311.1
英国	78.7	84.5	35.4	11.9	1.1	211.6
中国	375.7	72.6	1406.3	15.5	132.4	2002.5
印度	135.0	37.2	231.4	3.5	26.2	433.3
俄罗斯	130.4	378.2	101.3	36.9	37.8	684.6

数据来源：根据BP《世界能源统计2009》中相关数据整理得出。

对现有统计数据分析可以发现，我国2006年消耗的三种能源所排放的CO_2量分别为：石油消费碳排放量为960.18，天然气消费碳排放量为110.53，煤消费碳排放量为4946.98。总体看，在能源消费过程中，我国无论是能源结构中煤的消耗占比还是单位能源消耗碳排放量都呈现持续攀升趋势，甚至从1985年开始在煤的碳排放量上已经超过美国，居世界第一位（见图4）。以上分析结果表明，我国通过财税杠杆加大对企业能源消耗及碳排放控制的空间较大。

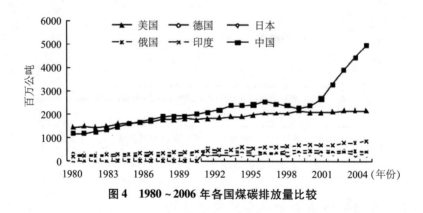

图4　1980~2006年各国煤碳排放量比较

四、结论与建议

（一）研究结论

已有研究表明，中国目前经济运行中存在着明显的能源消费强度高、能源利用效率低以及能源消耗结构不合理等特征，具体到能源消耗与碳排放上，我国长期以来对化石燃料尤其是煤的依赖较大，在现有的能源供求格局下，易于造成能源浪费和环境污染，使我国日渐面临更加严峻的环境压力。而在各部门、产业运行过程中，财政投向、投资量的变动及税费倾斜政策变动与经济结构变动进而与能源消耗状况有着密切关系，财税变动将会对碳排放构成较大约束。在现阶段各部门、行业的减排控制措施中，多为命令控制类措施，这对于运用财税杠杆促其发挥积极的市场经济调整效用尚存在明显不足，可以考虑在政府采购导向、税费调整、专项资金扶持与补贴等方面发挥财税政策碳约束效用，以便形成经济平稳高速运行与低碳经济并行的良性经济发展模式。

（二）相关建议

1. 根据当前中国社会经济发展现状，制定发展低碳经济的财税引导长效机制。首先，应制定与低碳经济发展相符的产业政策与能源供求政策。通过制定明确清晰的政策目标，为财税诱导效用的发挥指明作用路径、作用方向，从而有针对性地制定相关财税政策，包括财政资金投向、环境税费征收结构及税费征纳标准等，这有利于促进低碳经济的发展。其次，根据已制定的政策，加强能源供求和利用强度指标控制，以财政专项补贴资金鼓励企业加强管理、增加技术创新，以税费增加或降低来实施利益约束机制，从而有效提高能源开采和利用率。

2. 设定财税调整量化指标，以国际现有技术产出状况为参照，划定一个能源消耗及碳排放容忍阈值。考虑到在现有经济运行模式下，不将碳排放纳入税收中使生产者获得了额外的收益，假定在生产运行中转嫁的碳排放成本为 MC，结合我国社会生产实际，再考虑到能源替代不足及技术提升存在一定不足，那么对此可以适当考虑给予转向扶持资金。综合这些，要实现低碳经济与经济平稳增长并行，征税额设为 P，其范围应设定为 $P \in [MC - NMP, MP)$，其中 NMP 为剔除国内外技术不平等及其他外部因素的限制而给予的财政补助。一旦超越即加重税费征收比重，就可以将排污成本内化，进而有效抑制企业排污动力。同时还能鼓励企业加大技术创新力度，尽可能降低能耗以提高能源使用效率。

根据已有研究，各部门、行业在生产运行中的碳排放强度存在着显著差异，可以考虑通过调整财政倾斜偏重政策，限制碳密集型产业，如石油加工、炼焦及煤气加工业的盲目扩张，而鼓励碳排放量较少行业的扩大及发展。

参考文献

[1] 陈诗一：《能源消耗、CO_2 排放与中国工业的可持续发展》，载《经济研究》2009年第4期。

[2] 蔡昉、都阳、王美艳：《经济发展方式转变与节能减排内在动力》，载《经济研究》2008年第6期。

［3］林伯强：《中国二氧化碳的环境库兹涅兹曲线预测及影响因素分析》，载《管理世界》2009年第4期。

［4］兰宜生、宁学敏：《我国出口扩大与能源消耗的一项实证研究》，载《财贸经济》2010年第1期。

［5］刘再起、陈春：《低碳经济与产业结构调整研究》，载《国外社会科学》2010年第3期。

［6］沈可挺、李刚：《碳关税对中国工业品出口的影响》，载《财贸经济》2010年第1期。

［7］张友国：《经济发展方式变化对中国碳排放强度的影响》，载《经济研究》2010年第4期。

（原载《财贸经济》2010年第12期）

振兴老工业基地，发展循环经济

20世纪80年代邓小平提出建立东南沿海经济特区，90年代提出发展东部经济，经过20年的改革开放之后，中国积累了相当的经济储备，在这个时候拉开振兴东北老工业基地的序幕是符合战略布局的，也是符合中国的经济发展规律的。

所谓老工业基地，是指新中国成立后国家于"一五""二五"期间为了建成国家工业化体系而集中人力、物力、财力投入在特定地区而形成的以重工业为主的产业结构的经济基础。这里主要是指东北地区以煤炭、钢铁、石油、机械制造以及森林采伐业为主的重工业基地。即辽宁、吉林和黑龙江三省经济区。东北老工业基地，主要是新中国成立前以及20世纪50、60年代（部分为70年代）形成的；在历史上曾对全国经济起到了很大作用，做出了重大贡献。东北老工业基地被称为"新中国的摇篮"，生产着占全国2/5的原油，1/4的汽车产量、1/3的造船产值、1/8的钢铁供给，还有相当一部分的重型装备制造业。90年代以来，由于经济发展战略调整、体制改革与对外开放、产业结构转换与升级等使其丧失了领先于其他区域的地位，并逐步老化和相对衰退为我国经济发展中的"低洼地带"，因此，重振东北老工业基地，对于我国经济发展具有重要的战略意义。

一、东北老工业基地的发展现状

东北老工业基地在国家建设初期的倾斜政策支持下，从无到有，获得了长足的发展，经济发展速度始终位居全国前列。直到改革开放之初的1978年，除京、津、沪三个直辖市以及台湾省外，在全国27个省区市中，辽、吉、黑分别位于全国的第一、第四和第二位。其中辽宁省自1994年以前一直名列全国第一。到1995年，辽宁名列全国第四，吉林第十一，黑龙江第八。而东三省人均GDP增长速度则下降到全国水平以下，全国为15.30%，辽、吉、黑分别为13.7%、14.6%和13.4%，人均GDP增长速度则分别名列全国第二十、第十六和第二十二位。虽然近年来经过一系列调整和深代改革，但到2001年，东三省的人均

GDP 在全国的排序仍在中间位次徘徊，分别为第八、第十五和第十位。值得指出的是，2001 年吉林省的城镇居民人均可支配性收入已经位居全国倒数第二。东三省此项指标均低于全国平均水平，其中辽宁为 5797.01 元，吉林为 5340.46 元，黑龙江为 5425.87 元，分别比全国平均水平低 1062.51 元、1519.12 元和 1433.71 元。[1]近几年来老工业基地更是表现出力不从心、经济发展速度缓慢等问题，在全国中的位置不断后移。究其原因，东北老工业基地的工业主要是重化工业，也就是说其经济增长是靠"三高"（高投入、高能耗、高污染）来支撑的，是一种粗放的经济增长方式。表现在：

1. 资源能源消耗率高。我国现阶段的经济增长方式还相当粗放，以能源消耗为例，据测算，2002 年中国能源消耗强度为 1.18 吨标准煤/千美元 GDP，远远高于发达国家，创造每万元 GDP 所消耗的能源数量，是美国的 3 倍、德国的 5 倍、日本的近 6 倍。中国吨钢综合能耗比世界先进水平高 15% 到 30%，耗水量则是世界先进水平的 2.7 倍。[2]世界发展进程的规律表明，当国家和地区人均 GDP 处于 500～3000 美元的发展阶段时，往往是人口、资源、环境等"瓶颈"约束最为严重的时期，而我国目前正处于这一时期的前半段。

在东北三省中辽宁省的重工业比重最大，是一个以输入能源为主的省份，目前，辽宁的单位 GDP 能源消耗量仍处于全国前列。由于历史上形成了传统的粗放型经济增长方式，所以辽宁社会经济的发展与资源环境之间的矛盾日益突出。资源的短缺和过度消耗已使部分传统产业陷入困境。就钢铁业而言，辽宁的吨取水量为 30 立方米，是上海宝钢的 5 倍，是国外先进水平的 10 倍，全省能源消耗总量为 9800 多万吨标准煤，缺口量占 45.4%，其中辽宁省每年需要外调煤炭达 6100 多万吨。[3]在振兴老工业基地过程中，特别是未来的几年，经济增长比目前有更快的速度，意味着能源资源消耗得更快。很显然，这种高增长是难以为继的。在资源存量和环境承载力有限的条件下，必须要发展循环经济。

2. 环境损害程度高。我国的环境破坏问题已到了明显制约和损害中国持续增长能力的程度。我国与发达国家相比，每增加单位 GDP 的废水排放量要高出 4 倍，单位工业产值产生的固定废弃物要高出 10 倍以上。20 世纪 90 年代中期，我国每年由生态和环境破坏造成的损失，要占到 GDP 的 8% 以上。[4]这说明，我们的经济增长是以生态环境成本的损耗为代价的。当生态环境成本用尽以后，继续按照原来的经济增长模式发展经济，将会牺牲人类的健康，使经济增长与我们的生活目标相背离。国内外的实践也已表明，当经济增长达到一定阶段时，对自然生态环境的免费使用必然达到极限。人类要继续发展，必须转换经济增长方式，用新的模式发展经济。循环经济是以"资源消费—产品—再生资源"的闭环物质流动模式，减少资源消耗、加强资源再利用，其本质是对人类生产关系进行调整，追求可持续发展。因此，循环经济必将成为我们振兴东北老工业基地的一种新的经济形态。

二、发展循环经济是振兴老工业基地的必由之路

生态环境恶化的问题已经引起党中央的高度重视。江泽民同志在2002年全球环境基金成员国会议上的讲话中明确指出:"只有走以最有效利用资源和保持环境为基础的循环经济之路,可持续发展才能得以实现。"胡锦涛同志在2003年中央人口资源环境工作座谈会上进一步指出:"要加快转变经济增长方式,将循环经济的理念贯彻到区域发展、城乡建设和产品生产中,使资源得到最有效的利用。"循环经济的实质就是生态经济,以低开采、高利用、低排放为基本特征,强调最有效地利用资源和保护资源,以最小的成本获得最大的经济效益和环境效益。循环经济是以物质闭环流动为特征的生态经济("资源—产品—再生资源"),利用这种循环方式,能最大限度地提高资源的利用效率,向经济的生态化转化。

1. 发达国家的经验。循环经济正成为一股浪潮席卷全球。美国是循环经济的先行者。经过几十年的发展,循环经济已经成了美国经济中的重要组成部分。欧洲向循环经济转型的步伐正在加快。例如在德国,循环经济已经成为企业以及普遍民众生活中的一部分,垃圾处理和再利用是德国循环经济的核心。日本的循环经济发展也十分迅速。循环经济思想也被越来越多的国家政府(尤其是美国、日本、德国、荷兰、瑞士、瑞典等)和国际组织(如联合国可持续发展委员会)以及世界大企业和联合起来的中小型企业所重视。

2. 辽宁省的试点。在中国,循环经济首先被赋予了一种崇高而庄严的历史使命:保证中国的可持续发展。东北老工业基地的振兴,应该摆脱以往高消耗、高污染的传统工业化道路,走一条可持续发展的新型工业化道路。辽宁作为一个重化工业大省,资源消耗和环境污染负荷大,局部地区的矿产资源几近枯竭,这迫使辽宁必须进行大规模的经济转型。因此,辽宁省在2002年5月开展了循环经济试点。建立产品清洁生产、资源循环利用和废气物高效回收为主要特征的生态体系。(1)创建了一批清洁生产和"零排放"企业。238家企业实施了清洁生产,每年可节电3000万度,节水7000万吨,减少废水排放1亿多吨,经济效益近5亿元。以冶金、火电、煤炭、石化等行业为重点,大力推行中水回用,实现废水"零排放"。(2)在资源枯竭地区、经济技术开发区和重化工业区建设生态工业园区。积极开展矿山生态恢复、采矿废渣综合利用。进行物流、能流和水流的重新集成,实现副产品、废物、能源和水的梯级利用,建设生态工业型开发区。进行产业结构和企业布局调整,推动老工业区改造升级。(3)以污水和垃圾资源化为重点,加强城市污水处理厂建设,实行污水资源化,加快建设污水处理

厂中水回用系统和生活小区、风景区等区域性中水回用工程。建城市污水处理厂12座，日处理能力达161万吨，城市中水回用率达到30%以上。辽宁省经过一年多循环经济的试运行，效果显著。

3. 老工业基地的现实状况。从可持续发展的角度看，东北老工业基地部分重点地区的矿产资源（如煤炭、森林）已经完全枯竭或濒临枯竭，面临着必须全面转产的局面。部分地区矿产资源的开采成本也大幅度上升，失去了原有的经济优势（如油田）。以黑龙江省为例，省内几大自然资源优势正在迅速弱化乃至消失。如年产量占全国石油产量一半的大庆油田可采储量只剩下30%，仅有7.45亿吨，到2020年年产量只能维持到2000万吨左右，开采成本将在目前已经很高的基础上大大提高；省内四大煤炭生产基地即鹤岗、鸡西、双鸭山、七台河已经面临煤炭资源枯竭或大量关井的局面；我国最大的森林老工业基地伊春，16个林业局当中已经有12个无木可采，可采的成熟林只剩下1.7%，可采木材不足500万立方米。再以辽宁省为例，目前辽宁煤炭产量已经下降到全国第9位，十年内现有35座国有重点矿井将报废11处，煤炭生产能力将由现在的3681万吨减少到2676万吨。同时，由于国内新的资源区产量增加，以及国外进口石油、铁矿石等资源量加大，导致国内众多品种的资源性产品由过去的短缺转为过剩，从而进一步加剧了东北老工业基地资源性产业地位的下降，并影响到产业的可持续发展。

由于老工业基地资源相对贫乏，多年来一直沿用的是高物耗、高能耗、高污染的粗放型经济模式，生态环境已不堪重负，迫切呼唤循环经济这一新的经济模式。

三、创建发展循环经济的外部环境

根据世界各国的经验和辽宁省一年多的试点，为老工业基地走出困境积累了一些经验。目前黑龙江、吉林已制定了生态经济省规划，辽宁省提出了实施循环经济省计划，为老工业基地发展循环经济创造较好的外部环境。当然，循环经济的发展除了主观重视之外，更有赖于生态工业技术、生态农业技术、生态消费理念的进步，以及政府推动和相关科技的发展，不可能一蹴而就。今后必须解决好以下问题：

1. 政府提供发展循环经济的制度保证。循环经济是一种新型的生态经济形态，它的发展与成熟离不开政府的支持与鼓励。（1）系统出台循环经济的法律。循环经济是集解决、技术和社会于一体的系统工程。它需要各种新技术的支持，更需要法律规章的保障。从发达国家的经验可以看出，系统出台循环经济法律，用法律形式约束政府、企业和国民必须履行循环型社会的义务，是推动循环经济发展的关键。美国在循环经济的立法方面十分完善。1976年美国首次制定了《固定废弃物处置法》。德国的循环经济立法走在世界前列。20世纪90年代德国先后颁布实施了《循环经济与废物管理法》《包装废弃物处理法》。日本在2000年6月出台了建设循环型社会最重要的法律《促进循环型社会形成基本法》，后来，日本又制定了一系列具体法律。借鉴德国、日本等国家先进经验，我国要尽快制定循环经济发展方面的法规文件。在立法过程中，要使生产、分配、流通、消费经济过程的四个环节统一规划、统一立法，明确立法内容，提高可操作性。《中华人民共和国清洁生产促进法》已经颁布并将于2003年1月1日正式实施，这是我国循环经济发展的里程碑。东北三省在振兴老工业基地的过程中，以《清洁生产促进法》为依据，尽快制定相应实施细则，强化该法规的执行力度。随着老工业基地的振兴与改造，随着工业化和信息产业的发展，废旧家电、微机等电子垃圾的危害日益加重，理想的解决办法使运用循环经济理论实现废物资源化，这就需要从法律上予以规范。（2）制定相关的经济政策。建立健全各类废物回收制度；制定充分利用废物资源的经济政策，在税收和投资等环节对废物回收采取经济激励措施。进一步提高环保投入比例，发挥政府资金的引导作用。建议探索成立循环经济发展基金，滚动发展、专款专用。创造公平竞争的投资环境，建立股票债券融资、招商引资、金融信贷、民间资本等多元化筹融资体系，为循环经济企业发展创造良好的软环境。

2. 促进经济结构战略性调整。一是淘汰和关闭浪费资源、污染环境的落后工艺、设备和企业，对于技术落后、附加值低，没有市场的小塑料、小钢铁、小化工、小火电、小建材等，要大力关、停、并、转。二是用清洁生产技术改造能耗高、污染重的传统产业，鼓励发展节能、降耗、减污的高新技术产业；充分发挥高新技术产业对经济结构的优化升级作用。三是增强产品的开发能力，以开发一批具有国际竞争力的高档产品作为企业的立业之本、形成具有开辟新的经营领域或相关技术的实力。如钢铁工业，重点提高装备水平和工艺技术水平，搞好精深加工，增加品种，提高产品质量和档次，降低成本，提高效益。四是大力发展生态农业和有机农业，建立有机食品和绿色食品基地，大幅度降低农药、化肥施用量。发挥农业资源优势，鼓励提高各类农副产品的加工、保鲜、储藏、销售业的规模经济水平与技术水平，增加农业产业化的附加值。

3. 推动公众参与。通过各种渠道和形式广泛宣传普及生态知识、循环经济知识和环保法规，引导社会公众树立现代价值观，倡导文明的生活方式和绿色消费理念。在消费引导方面，政府应该起到表率作用，引导企业和民众进行"绿色采购和消费"。积极开展循环回收利用活动，选择与群众生活密切相关的电池等产品进行试点，推动公众参与绿色消费，建立循环型社会。

参考文献

[1]《中国产业经济动态》2004年第1期。

[2] 刘铮：《老工业基地新型工业化道路选择》，载《福建论坛》2003年第2期。

[3] 杜跃平，高雄：《老工业基地面临的挑战和振兴的出路》，载《西安电子科技大学学报》2003年第1期。

[4] 辽宁省人民政府研究中心课题组：《实现老工业基地振兴与可持续发展的统一》，载《辽宁经济》2003年第10期。

[5] 陈清泰：《产业结构调整与老工业基地脱困》，载《管理世界》2000年第5期。

（与林仲豪合作完成，原载《民族论坛》2005年第4期）

论科学发展观与循环经济

一、发展观的与时俱进

发展观是关于发展的本质、目的、内涵及要求的总体看法和根本观点。"发展"这一术语,最初虽然由经济学家定义为"经济增长",但是它的内涵早已超出了这种规定,进入到一个更加深刻也更为丰富的新层次。《大英百科全书》对于"发展"一词的释义是:"虽然该术语有时被当成经济增长的同义语,但是一般说来,发展被用来叙述一个国家的经济变化,包括数量上与质量上的改善。"可以看出,所谓发展,必然强调动态上的量与质的双重变化。

关于发展观的变迁,我们讨论了半个多世纪。自科学发展观提出以来,学界对发展观演进的研究出现了新的热潮,对发展观经历了不同的发展阶段,科学发展观是发展观的最新发展阶段,以往的发展观皆产生于国外,只有科学发展观产生于中国等方面已达成共识,但对发展观的演进阶段的划分仍有不同的看法。从世界范围来看,发展观大致上经过了三个阶段的演进,形成了三类不同的发展观:GDP 发展观(20 世纪 70 年代以前)、新发展观(20 世纪 70~90 年代)、科学发展观(21 世纪)[①]。

第一阶段,20 世纪 70 年代以前的 GDP 发展观。认为发展就是经济发展,并且把经济发展等同于经济增长,即 GDP 的增长,"经济规模的扩大、数量的扩张"。在这种发展观指导下国家的经济发展战略,都以工业化作为发展目标,片面追求 GNP 或 GDP 的增长。结果造成"有增长无发展"的局面,造成贫富两极分化、人口爆炸、农业衰败、粮食不足、资源短缺、环境污染等许多经济社会问题。正是在这样的背景下,发展经济学对发展的看法开始转变,从而进入第二阶段。

---

① 简新华、曾宪明:《论科学发展观的形成、贡献和落实》,载《经济学动态》2005 年第 1 期,第 13 页。

第二阶段，20世纪70~90年代的新发展观，主要包括全面发展观、可持续发展观。面对第二次世界大战20年后发展中国家出现的"有增长无发展"的现象，发展经济学开始修正对发展的看法，提出了新发展观。首先形成的是"全面发展观"，即发展包括经济增长和结构改善在内的以人为本的经济、社会、生态全面发展的观点。"可持续发展观"是20世纪80年代由联合国提出和倡导的最有影响的新发展观。1980年3月5日联合国大会向全世界发出呼吁："必须研究自然的、社会的、生态的、经济的以及利用自然资源过程中的基本关系，确保全球的发展。"可持续发展观是经济、社会发展与人口、自然、环境相互协调的、兼顾当代人和子孙后代利益的、能够不断持续进行下去的发展观点。但是，无论是全面发展观还是可持续发展观，都没有全面、系统、综合地说明发展的本质、目的、内涵和要求，自然也就没有形成完整、准确的科学发展观。

第三阶段，21世纪中国提出的科学发展观。在跨入21世纪的时候中国面对国际国内经济、社会发展的实际和前景，在深刻总结国内外发展问题上的经验教训的基础上，全面吸收和综合了人类社会发展研究的成果，提出了全面、协调和可持续的科学发展观。科学发展观既纠正了GDP发展观的错误，又克服了各种新发展观的不足，无疑是迄今为止最科学最正确的发展观[①]。科学发展观强调经济社会发展过程中人的全面发展，人的素质和能力的提高，人与自然、社会的和谐关系。

由此，我们看到发展观不是一成不变的，而是随着社会经济发展的实践而不断演进的。这对于我们全面正确地理解和把握科学发展观具有重要意义。

二、科学发展观的丰富内涵

科学发展观从中国的实际出发，把握时代脉搏，着眼变化着的世界，总结国内外在发展问题上的经验教训，吸收借鉴了世界经济发展理论的有益成果。要坚持和运用科学发展观，必须深刻领会和准确把握科学发展观的丰富内涵。

（一）科学发展观的本质和核心："以人为本"

"以人为本"就是社会以人为主体、以人为本位。人既是创造社会的主体，也是享受社会的主体，还是社会发展的主体。在社会发展中要以满足人的需要，提高人的素质，促进人的发展为核心内容和终极目标。要着眼于满足人的经济、政治、文化生活的现实需要，坚持万物人为本，万事民为先，把人们对物质、精

[①] 钟水映、简新华：《人口、资源与环境经济学》，科学出版社2006年版，第356~358页。

神、文化的需要和自身发展的实现程度作为衡量社会进步的根本标准。我们党把执政为民作为最高的价值取向，把人民群众作为最高的价值主体，把为最广大人民群众谋利益作为最高的价值追求，把实现人的全面发展作为最高价值理想，这就是"以人为本"的思想理念。坚持"以人为本"是科学发展观的本质要求和核心内容。坚持"以人为本"的科学发展观，就要把满足人的全面需求和促进人的全面发展作为经济社会发展的根本出发点和落脚点，围绕人们的生存、享受和发展的需求，提供充足的物质文化产品和良好的服务。"为群众诚心诚意办实事、尽心竭力解难事、坚持不懈做好事"。这都是坚持"以人为本"的科学发展观的必然要求和具体体现。

（二）科学发展观的基本原则和主要内容："全面、协调、可持续发展"

促进人的全面发展是科学发展观的目的。人是发展先进生产力和先进文化的主体，同时又是先进生产力和先进文化发展的最终受益者。促进人的全面发展，就是一切工作要以满足人民群众的物质文化需要为出发点和落脚点，在经济社会发展的基础上不断为人民群众谋取切实的经济、政治、文化利益，为人民群众素质的提高和人的潜能的发挥提供必要的物质基础和制度保障。人越全面发展，就越能为社会创造更多的物质财富和精神产品，人民的生活就越能得到有效的改善；反过来，物质文化条件越充分，生活水平越高，就越能促进人的全面发展。把发展同人的关系、发展手段同发展目的的关系辩证地统一起来，体现了科学发展观的本质。

协调发展是科学发展观的中心。协调发展就是要克服传统的经济增长的观点，做到经济与社会、城市与农村、东部地区与中西部地区、经济与政治文化协调发展。改革开放以来，我国经济社会总体上发展很快，取得了举世瞩目的巨大成就，但各个地区由于起点不一样、条件不一样，发展很不平衡。党中央审时度势，在十六届三中全会上强调，要统筹推进各项改革，努力实现宏观经济改革和微观经济改革相协调，经济领域改革和社会领域改革相协调，城市改革和农村改革相协调，经济体制改革和政治体制改革相协调。这体现了科学发展观的时代内涵。

可持续发展是科学发展观的根本。可持续发展就是要在现代化建设中，把控制人口、节约资源、保护环境放到重要位置，使人口增长与社会生产力的发展相适应，使经济建设与资源、环境相协调，实现良性循环。人类文明发展的历史反复证明，经济问题与资源问题、环境问题相互交织、相互影响，经济活动既受经济规律的制约，又受生态规律的制约，任何以破坏资源、环境为代价的发展，都必然受到自然的严厉报复。而且，一个时代的经济社会发展，总是以上一个时代遗留下来的资源和环境为基础，当代充足的资源和良好的环境又为下一个时代的经济社会发展提供较好的条件。因此，我们必须坚持可持续发展，努力促进自然生态环境的良性循环，造福子孙后代。这也是我国在深刻总结国内外经济与社会发展正反两方面经验教训的基础上作出的必然选择。

（三）科学发展观的基本要求："五个统筹发展"

"五个统筹发展"以经济、政治、文化全面发展为内容，以物质文明、政治文明、精神文明整体推进为目标，以经济、社会、自然协调发展为途径，着眼于全面、协调、可持续发展，囊括了当前改革、发展、稳定所要解决的一系列战略性、全面性的重大问题，反映了社会主义现代化建设的客观规律，体现了全面建设小康社会的战略构想。这是我国经济体制改革和社会主义现代化建设指导思想的丰富和发展，也是发展观念的丰富和创新，是科学发展观的根本要求和具体体现。

统筹城乡发展，就是要解决城乡差距过大、城乡发展不平衡的问题。统筹区域发展，就是要解决地区发展不平衡问题，其实质是实现地区共同发展。统筹经济社会发展，就是要解决经济和社会发展不协调的问题，其实质就是要在经济发展的基础上，实现社会全面进步。统筹人与自然和谐发展，就是要进一步推行可持续发展战略。统筹国内发展和对外开放，就是要更好地利用国内外两种资源、两个市场，顺利实现中国经济的振兴。

这"五个统筹发展"的新要求，是总结我国改革开放20多年的经验，适应新形势、新阶段的任务提出来的，也是针对我国经济社会发展中存在的突出问题提出来的。它是深化改革，完善社会主义市场经济体制，促进发展，推进全面小康社会建设的重要指导思想，也是对发展内涵、发展要义、发展本质的深化和创新，它是全面、协调、可持续发展观的具体体现。可以说全面发展是"五个统筹"的核心内容，协调发展是"五个统筹"的关键环节，可持续发展是"五个统筹"的重要保证，促进经济社会和人的全面发展是"五个统筹"的本质要求。深刻理解和认真贯彻"五个统筹发展"的新要求，就是牢固树立和认真落实"科学发展观"的具体行动。

从科学发展观的内涵可见，科学发展观是用来指导发展的，始终不能离开发展的主题，但是，在发展的同时要始终把控制人口、节约资源和保护环境放在重要的战略地位。

树立科学发展观，将对我国经济发展和环境保护产生以下重大影响：一是推进经济、社会与生态环境的全面发展。坚持科学发展观，在宏观层面，要求经济发展系统不仅应由经济系统、社会系统、生态环境系统三部分整合而成，而且每部分都应有系统的战略目标与评价体系，经济发展由单纯追求经济增长，转变为构建经济与社会同发展、人与环境相和谐的生态环境。在中观层面，要求企业从"末端治理"到全过程控制污染，要求经济发展由追求"经济效益"转变为"生态经济效益"。在微观层面，一是城市市民的生态环境意识将普遍增强。二是推进经济、社会与生态环境协调发展。坚持科学发展观，以环境优先发展为前提，统筹城乡发展、统筹区域发展、统筹经济社会发展、统筹人与自然和谐发展、统筹经济发展和对外开放，推进生产力与生产关系、经济基础与上层建筑相协调，推进自然—经济—社会复杂系统的各个环节、各个方面相协调。三是推进城市经济、社会与生态环境的可持续发展。坚持科学发展观，以促进人与自然和谐为前提，要求经济由传统战略经济的发展方式转变为发展循环经济，使经济发展与人口、资源、环境相协调，走出一条经济、社会、环境三赢或生产发展、生活富裕、生态良好的新型现代化发展道路。

三、循环经济是体现科学发展观的理想模式

从科学发展观的丰富内涵来看，发展循环经济是其中一项重要内容。科学发展观要求人与自然、社会和谐发展，经济社会可持续发展。循环经济是实现人与自然和谐的重要出路。它可以将人口、资源与环境三者有机统一起来。因此，发展循环经济是从经济发展模式方面贯彻和落实科学发展观的一个重要途径。

循环经济是对物质闭环流动型经济的简称①。这一理论希望人类社会的经济也能与生态系统类似，物质和资源可以在闭环中流动循环，从而改变工业化运动以来以高开采、低利用、高排放（所谓两高一低）为特征的直线经济模式。循环经济倡导的是一种经济系统与生态系统和谐的发展模式。它要求把经济活动组织成一个"资源—产品—再生资源"的反馈式流程，所有的物质和能源在不断进行的经济循环中得到合理和持久地利用，从而把经济系统对生态系统的影响降低到尽可能小的程度。循环经济理论系统地认识到传统直线经济的局限性，并以此建立了一组以"减量化、再使用、再循环"为内容的行为原则（简称3R原则），每一个原则对循环经济的成功实施都是必不可少的。

循环经济本质是生态经济，基本形式是清洁生产，根本目标是要在经济增长过程中系统地避免或减少废物，实现低排放或零排放，从根本上解决长期以来环境与发展之间的冲突。循环经济模式与传统经济模式相比有明显的特点：①循环经济极大地减少污染排放。减量化是循环经济的第一准则，它从经济活动的源头节约资源和降低污染，并在产品制造、消费、回收等各个环节系统地最大限度地

---

① 诸大建：《从可持续发展到循环经济》，载《世界环境》2000年第3期，第17~21页。

减少污染物的排放，有助于恢复生态平衡，提高环境的自净能力。美国杜邦公司是世界进行循环经济最早的企业，其1994年的塑料废弃物和排放的大气污染物，比20世纪80年代末分别减少了25%和70%。德国推行清洁生产的结果，使GDP增长两倍多的情况下，主要污染物减少了近75%[①]。我国正处于工业化的中期阶段，又是产生废物污染最多的阶段，循环经济的发展能够改变目前末端治理的模式，它使绝大多数污染物内化于生产过程，同时从全社会角度最大限度地减少污染排放，最大可能地减少人类生产生活对自然界带来的负面影响。②循环经济促进资源的高效利用。循环经济强调资源的再使用和再循环，延长产品的使用期，提高重复使用率，同时强化废弃物的回收利用，充分发挥自然资源的内在价值，提高水、矿物等各类紧缺资源的利用效率。目前，全世界钢产量的45%、铜产量的62%、铝产量的22%、铅产量的40%、锌产量的30%、纸制品的35%来自于再生资源的回收利用[②]。③循环经济促进经济的健康发展。循环经济是"点绿成金"的经济，它的魅力在于带来全新的环境效益的同时，具有强大的经济效益。根据国家经贸委的调查，如果把全国各部门各单位可开发利用的废弃物的价值相加，可超过500亿元。世界主要发达国家再生资源回收价值一年达到2500亿美元，年均增长15%以上。可见，废弃物回收利用是一个很有增长潜力的产业。

我国在经济快速发展的同时，暴露出了两大问题：一是自然资源的超常规利用；二是污染物的超常规排放。这两个问题导致我国资源的制约和环境的压力增大。这表明，我们必须改变传统的经济增长方式，按照科学发展观的要求，大力发展循环经济，加快建设资源节约型社会，及时解决生态恶化和资源超常规利用两大难题，使我国经济社会步入可持续发展的良性循环轨道。

由于我国走的是一条赶超型工业化道路，资源和环境问题的复杂性和艰巨性都是发达国家未经历过的。新的科学发展观是对国内外发展问题经验教训的总结，是我党站在历史和时代的高度，对21世纪、新阶段我国要发展、为什么发展和怎样发展的重大问题的明确回答。

在我国的实践中，发展循环经济应明确以下几个问题：第一，发展循环经济的条件。发展循环经济模式是有一定条件的，即必须在经济发展到一定规模后，经济系统发展到相对成熟的条件下进行。但对某些经济落后、规模总量较小的地区则不能提倡发展循环经济模式。第二，发展循环经济的目标。循环经济发展模式不仅仅是为了环境保护或污染治理的目标，而是要达到对经济规模或经济总量的限制。第三，政府在发展循环经济上的作用。在循环经济模式的发展中，政府

---

① 李兆前：《发展循环经济是实现区域可持续发展的战略选择》，载《中国人口·资源与环境》，2002年第4期，第51~56页。

② 费伟伟：《循环经济：必由之路》，载《人民日报》2002年6月17日，第5版。

应当尽量少用直接的行政手段,而多采取经济与市场手段。政府的行政手段主要体现在对总量经济规模指标的控制、制定和实施上。政府要设置的总量经济规模指标必须建立在自然资源可承受的水平上。指标不仅要考虑经济系统的"进口",如能源消耗量、水资源使用量等,而且要考虑经济系统的"出口",如废弃物排放量等,这样才能满足循环经济模式全过程减量化的控制要求。

参考文献

［1］李兆前:《树立循环经济模式 落实科学的发展观》,载《环境保护》2004 年 7 月。
［2］徐正兴:《科学发展观的丰富内涵和理论创新》,载《求实》2004 年第 7 期。
［3］钟水映、简新华:《人口、资源与环境经济学》,科学出版社 2006 年版。
［4］齐建国:《中国循环经济发展的若干理论与实践探索》,载《学习与探索》2005 年第 2 期。
［5］诸大建:《用科学发展观看待循环经济》,载《文汇报》2004 年 3 月 22 日。
［6］马凯:《科学的发展观与经济增长方式的根本改变》,载《求是》2004 年第 8 期。

(本文系提交给中国可持续发展研究会 2006 学术年会的会议论文)

国外发展循环经济的经验及其启示

自 20 世纪 90 年代以来,发展循环经济成为新的世界潮流和趋势。德国、日本、加拿大和美国等发达国家在循环经济的理论和实践方面走在了前列。本文通过研究国外发展循环经济的成功经验,结合湖北省的实际情况,探讨湖北发展循环经济的思路。

一、循环经济的内涵和主要特征

(一)内涵

国外学界对循环经济内涵有不同理解,大致可归纳为:一种意见认为,循环经济是一种全新的经济运行模式。循环经济的活动组成"资源—生产—消费—再生资源"的闭环过程。另一种意见认为,循环经济是一场对线性式经济的革命。还有一种意见认为,循环经济本质上是一种生态经济。总的来说,循环经济是指在人、自然资源和科学技术的大系统内,在资源投入、企业生产、产品消费及其废弃的全过程中,循环利用能源,发展资源回收利用产业,以提高资源的利用率。表现为"两高两低",即低消费、低污染、高利用和高循环率,使物资资源得到充分、合理的利用,把经济活动对自然环境的影响降低到尽可能小的程度。经济发展从数量型的物资增长转变为质量型的服务增长,是符合可持续发展原则的经济发展模式。

(二)主要特征

循环经济的特征之一是提高资源利用率,减少生产过程的资源和能源消耗。这是提高经济效益的重要基础,也是污染排放减量化的前提。特征之二是延长和拓宽生产技术链,将污染尽可能地在生产企业内进行处理,减少生产过程的污染排放。特征之三是对生产和生活用过的废旧产品进行全面回收,可以重复利用的废弃物通过技术处理进行无限次的循环利用。这将最大限度地减少初次资源的开采，最大限度地利用不可再生资源，最大限度地减少造成污染的废弃物的排放。特征之四是对生产企业无法处理的废弃物集中回收、处理，扩大环保产业和资源再生产产业的规模，扩大就业。总之，循环经济是实现经济、社会和环境效益相统一的经济发展模式。

二、国外发展循环经济的主要经验

（一）政府的重视和推动

1. 政府重视循环经济的立法

德国是欧洲国家中循环经济发展水平最高的国家之一，它的循环经济系统正变得越来越成熟，德国的《废弃物处理法》最早制定于1972年。1986年修改为《废弃物限制及废弃物处理法》。在此基础上，德国于1991年通过了《包装条例》；1992年通过了《限制废车条例》。在主要领域的一系列实践后，1996年德国提出了新的《循环经济与废弃物管理法》，把废弃物处理提高到发展循环经济的思想高度并建立了系统配套的法律体系。

日本1991年制定《关于促进利用再生资源的法律》；1996年制定《家电回收利用法》（到2001年开始实施）；1997年，日本又颁布了《容器包装再利用法》。2000年成为日本建设循环型经济社会史上关键的一年，这一年通过和修改了多项环保法规。它们是：《推进形成循环型社会基本法》《特定家庭机械再商品化法》《促进资源有效利用法》《食品循环资源再生利用促进法》《建筑工程资材再资源化法》《容器包装循环法》《绿色采购法》《废弃物处理法》《化学物质排出管理促进法》。上述法规都已在2001年4月之前相继付诸实施。

美国虽然在1976年制定了《固体废弃物处置法》，后又经过多次修改，但目前还没有一部全国施行的循环经济法规或再生利用法规，但现在已有半数以上的州制定了不同形式的再生循环法规。欧洲其他发达国家也正在着手制定相关的法律法规。

2. 建立高效的管理机构和监督机构

在日本、德国等国家，政府对产生废弃物的企业和个人征收废弃物处理费用，集中起来设立专项基金，补贴给处理废弃物的企业，如中国的彩电企业向日本出口彩电时，要向日本政府交纳废弃物处理费。

法国政府为了实现垃圾处理的革命，法国政府成立环境与能源控制署，每年拿出两三亿欧元的预算资金，组织和协调政府、企业及公民从行政管理、科技投入等方向采取措施。在韩国，如果生产者回收和循环利用的废旧品达不到一定比例，政府将对相关企业课以罚款。罚款比例是相应回收处理费用的1.15倍至1.3倍。

韩国成立了一家名为"资源再生公社"的公营企业，专门负责管理和监督"废弃物再利用责任制"的实施。"资源再生公社"依据有关管理章程，通过抽查和现场调查等形式，堵塞废弃物循环使用中的漏洞，如果生产企业违反"废弃物再利用责任制"，将被处以最高100万韩元的罚款。自从设立"资源再生公社"并实施管理监督以来，韩国废弃物品循环利用率提高了5%至6%。

在德国，生产企业必须要向监督机构证明其有足够的能力回收废旧产品，才会被允许进行生产和销售。产生垃圾的企业必须向监督部门报告生产的垃圾的种类、规模和处理措施等情况。每年排放2000吨以上具有较大危害性垃圾的生产企业有义务事先提交处理垃圾的方案，以便于有关部门监督。

（二）企业和公众的积极响应

1. 企业积极探索循环经济发展模式

许多企业运用循环经济的思想，进行了有益的探索，形成了一些良好的运行模式，取得了很好的经验，值得我们借鉴。国外发展循环经济比较有代表性的有杜邦化学公司模式和卡伦堡生态工业园区模式。杜邦化学公司模式是一种在企业层面上建立的小循环模式。其方式是组织厂内各工艺之间的物料循环。他们通过放弃使用某些环境有害型的化学物质、减少一些化学物质的使用量以及发明回收本公司产品的新工艺。同时，他们在废塑料如废弃的牛奶盒和一次性塑料容器中回收化学物质，开发出了耐用的乙烯材料等新产品。卡伦堡生态工业园区模式是一种区域层面上的模式，即工业园区层面的循环经济。把不同的工厂联结起来，形成共享资源和互换副产品的产业共生组合，使一个企业产生的废气、废热、废水、废渣在自身循环利用的同时，成为另一企业的能源和原料，最具代表性的是丹麦卡伦堡生态工业园区。生态工业园区与传统的工业园区的最大不同是它不仅强调经济利润的最大化，而且强调经济、环境和社会功能的协调和共进。

2. 地区、部门与行业间的协作不断加强

法国政府将废旧轮胎列入国家强制回收项目，责令法国境内的轮胎生产与销售商自2003年起，每年投放市场多少吨新轮胎，次年必须回收吨数相等的旧轮胎，回收费用全部由生产和销售商承担。于是，法国旧轮胎回收与环保协会发动米其林、固特异、普利斯通等14家生产销售商成立联营公司承包其废旧轮胎回收任务，再与100多家环保企业签约，组织协调旧轮胎的收回、分类、翻新、分解和再生材料生产，以规模化经营降低成本，实现旧轮胎回收一条龙服务。

在德国，各地都有提供垃圾再利用服务的公司，它们一方面向企业提供这方面的技术咨询，帮助企业建立自己的垃圾处理系统；一方面为其提供垃圾回收或

再利用的服务。

在瑞典实行"生产责任制",让废弃包装在瑞典实现了最大程度的循环利用。瑞典工商界各行业协会和一些大包装公司成立了5家专门的包装回收公司,还共同组建了REPA公司作为其业务的服务机构。企业通过加入REPA并交纳回收费,可以让REPA代为其履行"生产者责任制"所规定的义务。

3. 企业和国民积极响应,主动配合有关方面做好工作

在日本,消费者必须为废弃家电的回收利用承担部分费用,费用标准为空调3500日元、电视机2700日元、冰箱4600日元、洗衣机2400日元。消费者在废弃大件家电时打电话给家电经销商,由它们负责收回废弃家电。家电经销商将废弃家电集中起来,并送到主要由家电生产厂家出资设立的"废弃家电处理中心",将其分解,并按资源类别进行循环利用。日本每年大约要报废500多万辆汽车,《汽车循环使用法》规定汽车生产厂商有义务回收和再利用废弃车辆。处理废弃汽车的部分费用由购买新车的用户承担,预计每辆普通轿车的回收处理费用在20000日元左右。

在韩国汉城内,为了加强对生活废弃物和垃圾的管理,推行法定卫生塑料袋,实施的是一种叫"垃圾终量制"的措施。每个区政府都分别组织生产卫生塑料袋,并印有本区的标记,通过商店销售给居民家庭。居民使用本区的卫生塑料袋为法定义务,不得违反。同时,卫生塑料袋所装的生活废弃物和垃圾必须分类,否则将退回给丢弃者。销售卫生塑料袋所获得的资金,便是保护环境和实现资源回收的费用。改为居民购买和使用卫生塑料袋后,如果居民丢弃的垃圾越多,使用卫生塑料袋越多,为此花的钱便越多。居民将废弃物和垃圾分类,有利于实现资源的回收和重新利用。

三、对湖北省发展循环经济的启示

(一)政府的支持和帮助是循环经济发展的首要条件

根据国外发展循环经济的经验,各国政府高度重视循环经济的发展。充分利用、节约资源、保护环境是发展循环经济的宗旨,也是各级政府的要求。由于具有这种一致性,政府的支持和帮助是毫无问题的。政府制定并实施有关循环经济的法律制度规章,使有关职能部门的管理工作有法可依,有章可循,有所约束;对企业的建设、改造、生产、资本运作等行为都有所规范,可以保障企业沿着正确的道路发展。这是各级政府对循环经济最有力的支持和帮助。循环经济是国民经济的一个新兴部门,基础比较薄弱,管理比较混乱,联合会、协会等自我管理

组织不健全、资金短缺，这一切都有赖政府组织指导和投资支持。各级政府要把发展循环经济纳入地方国民经济发展计划中，对实施循环经济的单位给予奖励和支持；通过提供补助金、低息贷款等手段帮助企业建立循环经济生产体系；大力支持和鼓励循环经济技术体系的创新。各级政府应把发展循环经济的成效列为评价和使用干部的重要依据。

（二）合适的制度是实施循环经济的保障

我国现行的经济制度安排中有许多地方规章制度制约循环经济的发展。例如企业增值税对企业节约资源和循环利用资源起到的是抑制作用。因此，建立一套循环经济的制度、指标和政策法规体系，是实施循环经济的保证。循环经济贯穿整个生产、销售和消费、使用、废气及回收、资源化、再利用的过程，上述各个领域对政策、法规都有要求。只有在法律上对生产者、销售者和使用者以及再利用者的行为加以规定，才能保证循环经济得以发展。因此要以国家法律为指导，以国家政策为基础，加快制定一系列促进循环经济发展的政策法规，形成较为完备的政策法规体系。同时，制定城市垃圾处理、水污染治理、大气污染治理的监督管理条例，明确各种处理应达到的标准要求，处理的技术规范、处理企业的责任、权利以及责权利的监督保障机制，监督部门的权利责任、失职行为的处罚，使城市垃圾、水污染治理、大气污染治理企业和监督部门的所有行为都置于政策法规的规范之下。

（三）加强和促进循环经济科学技术的研究和开发

通过技术进步，改造传统产业，推动结构升级，尽快淘汰高能耗、高物耗、高污染的落后生产工艺，提高资源生产率，逐步形成有利于资源持续利用和环境保护的、合理的产业结构；加大资源再生技术的开发力度，使产品深度开发和资源再生利用成为现实。要在依靠科技进步、技术创新、实现废气资源综合利用的前提下，依托市场，逐步形成完善的能源循环利用、资源回收利用的技术体系、推动废气资源、能源再生利用循环经济体系的发展。

（四）推进生态示范园区的建设

根据发达国家发展循环经济的经验，将循环经济的理念贯穿到各个层面。因此，我们在制定各类发展与建设规划时，必须使循环经济的理念渗透到各项经济社会发展规划、城市总体规划、经济开发区规划之中；在经济发展规划中，注重发展资源节约型的产业和资源回收利用产业，限制发展资源消耗大、污染严重的产业；在城市规划中，集中规划工业园区，规划能够满足需要的废水、污水、垃圾处理基础设施，有利于资源充分回收的设施体系。以循环经济的要求，推进经济开发区或工业园区的建设,从规划、设计到整个实施过程,都符合循环经济的要求。

(五)建立全民节约的长效机制

发展循环经济的目的是节约资源。抓住节约资源这个目标,以发展循环经济的手段来实现节约,就是一条可持续发展之路。资源在每个人身边,在每个人的家里,把它捡起来给社会利用,就成了资源财富;如果把它随便仍掉就是环境污染物,害人又害己。如果我们一点一滴地为国家积累资源财富,这也是一条促进循环经济发展之路,节约之路。因此,必须建立一种长效机制,鼓励节约。通过宣传,提高全民发展循环经济的意识,提高社会公众参与水平。循环经济发展实际上所涉及的是全体公民的利益,因此公众应当是进行资源综合利用的中坚力量。通过普及利用资源的科学与法律知识,提高利用资源的意识责任感,正确引导公众参与资源综合利用,提高全民资源意识,在全社会树立循环经济观念,建立绿色生产、适度消费、环境友好和资源永续利用的社会公共道德准则。

(原载《统计与决策》2006年第9期,后被《新华文摘》全文转载)